咖啡調酒　微醺版

77款世界調酒大師的咖啡雞尾酒創意濃醇香，一杯就上癮！

The Art & Craft of
COFFEE COCKTAILS

傑森・克拉克 Jason Clark 著　　林惠敏 譯

艾力克斯・艾蒂克夫・奧西卡 Alex Attikov Osyka 攝影

專業好評推薦（依姓氏筆畫排列）

有個說法，咖啡與酒精皆屬於合法的當代興奮劑，一個促使我們加快節奏，一個讓我們放慢腳步。但兩者結合起來是怎樣的世界？咖啡雞尾酒便是集慾望的大成。

我永遠也忘不了在英國倫敦喝到傳奇的 Dick Bradsell（1960-2016）手上的那杯 Espresso Martini，那種心曠神怡的滿足感，像是穿過九又四分之三月台般的舒爽（其中絕對有朝聖解鎖的心態作祟）。

自己不小心誤入歧途當起了一個不及格的調酒師，但早期學咖啡的基礎仍然深深鞏固，從經典酒款到當代技術，本書作者是箇中高手，不只傳承經典，也雜學並極富創新精神，所有細節娓娓道來，詮釋這門獨特的調飲藝術。

—— AHA Saloon 主理人＆冠軍調酒師
尹德凱

咖啡＋調酒。是咖啡？還是雞尾酒？
兩者激盪的迷人風味，令人上癮，欲罷不能～

—— 社團法人台灣咖啡協會理事長
吳怡玲

咖啡調酒變化多端，對咖啡和調酒、食材、技法等……，都需要許多鑽研，實在非常有趣；除此之外，咖啡調酒兼具美觀與美味，也因此成了餐酒搭配（pairing）時最好的媒介之一。

2016 年我贏得世界咖啡大師賽冠軍，其實當年我也參加了世界咖啡調酒大賽，拿到第三名。因此，我特別推薦這本書給想開始自己動手做做看咖啡調酒的玩家、咖啡師、調酒師，深入淺出的教學與多款酒譜，值得收藏後自己再進一步玩味變化。

—— 世界咖啡大師賽（WBC）2016 年世界冠軍
Simple Kaffa 興波咖啡共同創辦人
吳則霖 Berg Wu

咖啡調酒微醺術

77 款世界調酒大師的咖啡雞尾酒創意酒譜，小心上癮！

The Art & Craft of Coffee Cocktails

作　　　者／傑森．克拉克 Jason Clark
攝　　　影／艾力克斯．艾蒂克夫．奧西卡 Alex Attikov Osyka
譯　　　者／林惠敏
責 任 編 輯／黃阡卉
封 面 設 計／黃鉦傑
內 頁 設 計／張靜怡
行 銷 企 劃／蔡函潔

發 行 人／何飛鵬
事業群總經理／李淑霞
副 社 長／林佳育
副 主 編／葉承享

出　　　版／城邦文化事業股份有限公司　麥浩斯出版
　　　　　　Email：cs@myhomelife.com.tw
　　　　　　地址：104 台北市中山區民生東路二段 141 號 6 樓
　　　　　　電話：02-2500-7578

發　　　行／英屬蓋曼群島商家庭傳媒股份有限公司城邦分公司
　　　　　　地址：104 台北市中山區民生東路二段 141 號 6 樓
　　　　　　讀者服務專線：0800-020-299（09:30~12:00；13:30~17:00）
　　　　　　讀者服務傳真：02-2517-0999
　　　　　　讀者服務信箱：csc@cite.com.tw
　　　　　　劃撥帳號：1983-3516
　　　　　　劃撥戶名：英屬蓋曼群島商家庭傳媒股份有限公司城邦分公司

香 港 發 行／城邦（香港）出版集團有限公司
　　　　　　地址：香港灣仔駱克道 193 號東超商業中心 1 樓
　　　　　　電話：852-2508-6231　傳真：852-2578-9337

馬 新 發 行／城邦（馬新）出版集團 Cite (M) Sdn. Bhd.
　　　　　　地址：41, Jalan Radin Anum, Bandar Baru Sri Petaling,
　　　　　　　　　 57000 Kuala Lumpur, Malaysia.
　　　　　　電話：603-9057-8822　傳真：603-9057-6622

總 經 銷／聯合發行股份有限公司
　　　　　　電話：02-2917-8022　傳真：02-2915-6275

製 版 印 刷／凱林彩印股份有限公司
定　　　價／新台幣 599 元；港幣 200 元
初　　　版／2023 年 2 月初版 6 刷・Printed In Taiwan
I S B N／978-986-408-536-1

國家圖書館出版品預行編目 (CIP) 資料

咖啡調酒微醺術：77 款世界調酒大師的咖
啡雞尾酒創意酒譜，小心上癮！／傑森・克
拉克（Jason Clark）著；艾力克斯・艾蒂克
夫・奧西卡（Alex Attikov Osyka）攝影；林
惠敏譯. -- 初版 . -- 臺北市：麥浩斯出版：家
庭傳媒城邦分公司發行，2019.09
面；　公分
譯自：The Art & Craft of Coffee Cocktails
ISBN　978-986-408-536-1（平裝）

1. 調酒　2. 咖啡

427.43　　　　　　　　　　　108014836

圖片出處

由 Alex Attikov Osyka 攝影，但以下圖片例外：
14　Joy Skipper/Getty Images
16l　Dirk Funhoff/Getty Images
16r　Fine Art Images/Heritage Images/Getty Images
17　cHulton-Deutsch Collection/CORBIS/Corbis via
　　 Getty Images
18r　De Agostini/Biblioteca Ambrosiana/Getty Images
19　GABRIEL BOUYS/AFP/Getty Images
20　Somsak Khamkula/EyeEm/Getty Images
21　John Coletti/Getty Images
22　Aaron McCoy/Getty Images
23l　Jason Bakker/EyeEm/Getty Images
23r　Diego Lezama/Getty Images
24　andresr/Getty Images
25l　George Peters/Getty Images
25r　Prashanth Vishwanathan/Bloomberg/Getty Images
26l　Michael Marquand/Getty Images
26r　Mint Images/Tim Pannell/Getty Images
27l　Adam Gault/Getty Images
27r　Michael Marquand/Getty Images
32　Westend61/Getty Images
33　Library of Congress - edited version c Science
　　 Faction/Getty Images
34l　Adam Gault/Getty Images
48　Nathan ALLIARD/Getty Images

本書獻給我的頭號支持者、朋友及我最愛的愛好雞尾酒的顧客：珊・吉莫爾女孩（Girl Sam Gilmore）。
我敢肯定她會成功完成這本書的每一道配方，但她也還是會坐在我的酒吧裡。珊，這是獻給你的。

目錄

專業好評推薦　　　　　　　　　　3

前言　　　　　　　　　　　　　　7

引言　　　　　　　　　　　　　　8

如何使用本書　　　　　　　　　　10

實用工具組　　　　　　　　　　　12

咖啡

咖啡大事紀時間軸　　　　　　　　16

美妙的咖啡世界　　　　　　　　　20

咖啡簡言之　　　　　　　　　　　22

烘焙工坊　　　　　　　　　　　　24

烘焙　　　　　　　　　　　　　　26

挑選咖啡　　　　　　　　　　　　28

咖啡風味　　　　　　　　　　　　30

沖泡適合製作雞尾酒的咖啡　　　　32

萃取　　　　　　　　　　　　　　34

義式濃縮咖啡萃取 Espresso extraction　　36

冷萃 Cold brew extraction　　　　40

法式濾壓萃取 French press extraction　　44

手沖萃取 Pour-over extraction　　46

膠囊咖啡 Pod coffee　　　　　　48

雞尾酒

雞尾酒基礎知識　　　　　　　　　50

1 搖盪法 Shaken　　　　　　　　52

2 熱調法 Hot　　　　　　　　　92

3 直調法 Built　　　　　　　　120

4 攪拌法與拋接法 Stirred & Thrown　　144

5 混合法 Blended　　　　　　　166

6 自製咖啡產品配方　　　　　　182

詞彙表　　　　　　　　　　　　204

索引　　　　　　　　　　　　　206

關於作者／致謝　　　　　　　　208

前言

馬丁・胡戴克（Martin Hudak）
倫敦薩伏伊飯店「美國酒吧」（The American Bar at the Savoy Hotel London）
2017 年世界咖啡調酒大賽冠軍（World Coffee in Good Spirits Champion）

本書是我們業界多年來一直缺少的出版物。將這兩大不同領域的奇妙組合以容易使用的配方展現，並搭配美味的圖片。這是所有飲品愛好者和業界專業人士必備的讀物！祝你在閱讀這本鼓舞人心的著作時也能好好享受咖啡雞尾酒！

乾杯，
馬丁

格里・里根（Gary Regan）
傳奇調酒師，也是許多以酒吧產業為題的書籍作者，例如《The Joy of Mixology》、《The Negroni》、《The Bartenders' Gin Compendium and more》

當在傑森・克拉克說話時，調酒師們專注地聆聽著。這是明確的信號，當談到雞尾酒，他牢牢地掌握著全世界酒吧後台運作的一切狀況。為了證明這一點，他率先出版了一本關於世界最火紅飲品趨勢的書：咖啡雞尾酒。我相信由偉大的調酒傳奇人物迪克・布萊德塞爾（Dick Bradsell）打造出的濃縮咖啡馬丁尼（Espresso Martini），就是開啟這一切大驚小怪的飲品，而且你若嚐過一杯這樣的寶貝，你就會知道這一切的大驚小怪所為何來。但傑森仔細審視這些篇幅中每一種飲品的每一個面向，將整個咖啡雞尾酒的概念帶到全新的境界。在此，你將學到各種不同風格的咖啡、如何沖泡它們，而且你將發現為何傑森選擇特定的種類，來搭配他書中的每一種飲品。確實，在埋首於這本書之後，你很有可能會成為不折不扣的咖啡極客*。但這豈非一大樂事？！而你閱讀這部鉅作的冒險將會是非常愉快的旅程，確實如此，因為傑森會牽著你的手，並用他自己獨特的方式來傳授他的智慧。你會受到指導，且甚至不會意識到發現了什麼事。

格里

---
* geek，指智力超群，善於鑽研但不愛社交的學者或知識分子。

引言

我非常高興能向大家介紹這一系列的酒譜，而這些酒譜是我在飲品產業中工作二十年以上的過程中所打造的。其設計的目的是教育、帶動和啟發各種程度的讀者，不論是新手還是經驗豐富的調酒師和咖啡師，都能結合生活中的兩大樂趣 —— 咖啡和烈酒 —— 而且是以極具創意的方式，最重要的是，是以美味的方式！

咖啡和調酒目前都正沉浸於品質與創意兼具的黃金紀元中，這幾乎可以完全歸功於全世界大概每個城市裡都可以找到的專業人士 —— 熱情且具巧思的調酒師和咖啡師們，他們為了自己所選擇的專業工藝的發展與進步，而長時間地工作著。

然而，這兩個相似的行業卻經常將世界分隔開來；咖啡主宰白天，而烈酒掌管黑夜。

這些經常是當我們一早要開會（需要來杯咖啡）和周五下班後（需要來杯調酒）的無名英雄們，他們持續日復一日地刷新標準，力求完美服務 —— 不僅要賣座和物超所值，還要為那些川流不息而來、想在此追求生活額外小樂趣的無名客人帶來笑容。

對調酒師和咖啡師來說，滿足這所有的需求，往往能帶來無法言喻的成就感，而這是其他無數潛在行業所找不到的，所以他們寧願選擇髒圍裙、疲倦的雙腳、裂開的手指，以及在酒吧或櫃檯的舞台上找到的非社交加班時間。

我先是對酒吧傾心，然後才是咖啡豆。身為夜貓子，我通常會設法避免早起，幾乎就像我會避開即溶咖啡一樣，但用激勵人心的咖啡因對

自己信心喊話，很快成了我日常酒吧慣例的一部分，因為我在尋找讓我可以保留體力，同時又可以在清晨時分讓臉上保持笑容的方法。既然咖啡和雞尾酒都在我的生命裡扮演著如此重要的角色，將這兩者調和似乎就是這麼自然而然。

今日在咖啡雞尾酒中獨領風騷的是「濃縮咖啡馬丁尼」。這道經典的雞尾酒前所未有地受歡迎，全世界點這杯雞尾酒的酒客人數創下歷史新高。義式咖啡機同樣也以緩慢但穩健的步伐，成為酒吧裡幾乎必備的設備，而在添加這項設備後，調酒師們被要求無失誤地搖出，我們才剛開始認識卻已深深愛上的，那美味、微醺、苦甜的絲絨口感直到深夜，還得在凌晨三點服務結束時，執行清洗咖啡機的討厭工作。

我稍後會在書中更深入探討濃縮咖啡馬丁尼的現象，並引領你了解許多其他結合咖啡與利口酒特質，調製出美味且讓人精力充沛的雞尾酒，為你的朋友、賓客，以及同樣重要的是，為你自己創造品飲的樂趣！

但讓我們先來了解咖啡與利口酒的組合，如何為你的雞尾酒增添風味和口感等基本要素：

風味：咖啡具有強烈且獨特的風味，讓大多數人不是愛就是恨。每一種沖泡法都由數十種細微的風味差異所構成。如果我們在喝一杯典型的咖啡時，將它分解，以辨識嚐起來的味道，人們通常會試出可可、太妃糖、烤香料和堅果味。這表示咖啡自然能與其他和它風味類似的材料相搭配。例如（包括但不限於）陳年蘭姆酒和龍舌蘭、白蘭地、amaro 草本香甜酒，來自愛爾蘭、蘇格蘭、美國或這些地區之間的威士忌，以及許多其他的烈酒和利口酒，我們因此知道，能非常輕易地用它們來搭配咖啡。

除了這些風味明顯的材料以外，還有很多風味沒那麼明顯，但也很適合用來搭配咖啡的材料（依咖啡的沖泡法而定），例如甜菜、葡萄柚、莓果、蘋果、柳橙、百香果、核果等不勝枚舉。

咖啡可作為主要風味，主導所有其他搭配的味道，例如濃縮咖啡馬丁尼或愛爾蘭咖啡；或較不常見地以它作為調和的味道，少量地添加咖啡，可作為飲品中其他風味的配角。例如在古典雞尾酒（Old Fashioned）中加入 1 至 2 抖振（dash）的咖啡苦精，以帶來微妙的變化。

口感：除了味道和香氣以外，咖啡也能為雞尾酒增添非常大量的口感。我們往往會想到苦和（或）甜，甚至是酸等特質。但口感也可以是清淡的、厚重的、蓬鬆的、冷的、熱的或燙的，而這都取決於咖啡萃取的方式。這些都是你在調製或點咖啡雞尾酒時應考量的因素。

我希望這本書能有助於教育、啟發，而且更重要的是刺激你的慾望去調製，並飲用這些經常引起爭議，但卻妙不可言的手工調飲。

請好好享受！

飲品極客
傑森・克拉克

Drinks Geek
Jason Clark

關於本書的使用

我想閱讀至此，你已對製作和飲用咖啡和雞尾酒產生了興趣……，讓我們為此擊掌！在接下來的篇幅中，我的目標是讓你對這兩者有更深入的了解，並分享一些調製咖啡雞尾酒祕訣和小技巧，以及製作其他有用的材料和產品，例如苦精（bitter）、利口酒和泡沫。

工具組：若要打造炫目的雞尾酒，擁有適當的工具會大有幫助，因此請瀏覽參考 12 至 15 頁中我推薦的工具。但請記住，並非總是需要所有的工具組。盡情地以你可以的方式即興發揮——例如，果醬罐會是很好的雪克杯，擀麵棍也是出色的搗棒。只要用你所能取得的工具做到最好即可。

前置作業是關鍵：我建議選擇你想調製的酒譜，然後先將你的工具和材料整齊地擺好，以確保你已準備好所需要的一切，而且也讓整個調酒過程變得更容易。在過程中一邊清潔，並立即將用完的工具放回原位，這有助加快你的動作，並能大幅提高效率。

咖啡：介紹咖啡的章節（見 16 至 31 頁）是用來讓新手至中階程度有興趣的讀者，更深入了解優質咖啡的歷史、栽培、收穫和生產，讓人更懂得欣賞這在我們日常生活中非常特殊的一部分。在接續的 32 至 49 頁中，我將介紹許多不同的沖泡法，包括如何沖泡美味咖啡的教學和祕訣。建議使用本章節來協助你，了解如何沖泡可單獨飲用，和（或）用於雞尾酒的優質咖啡。如果你已經是專業人士，我希望在你翻閱這些章節時，你能收集到一些可增強技能的小技巧。經驗較不足者，請加入我循序漸進的學習之旅，從接下來的幾頁開始，為自己建立穩固的基石，以便更進一步發展你的熱情，並精進你調製或點咖啡雞尾酒的能力。

雞尾酒的種類：酒譜的章節是依據其調製的方式——搖盪法、熱調法、直調法、攪拌法或拋接法和混合法——進行編排，因此請選擇你想要的飲品風格，就從這裡開始進行。

材料：酒譜頁會有自製材料的詳細說明，或是會提供在本書中其他更長、更複雜的酒譜的參考頁。

注意事項：你的地區可能無法取得某些利口酒材料，由於咖啡大大取決於其沖泡方式和搭配材料，我為每道酒譜補充了咖啡與利口酒的注意事項。它們會提供你建議，通常也包含替代方案，以協助你依個人需求進行調整。

照片：每道雞尾酒都附上一張照片，明確說明成品的外觀，但請隨意使用你手邊擁有的玻璃杯，並以你自己的方式完成調飲。所謂的調酒就是變化和創新酒譜，因此，請發揮創意！

技術程度：每道酒譜都會附上困難等級的評等（見右圖）。在每個章節的一開始，都會有一道已通過時間考驗的代表性調酒的簡單典

型酒譜。從這時開始，困難等級會逐步增加，因此請依據你的經驗、技術程度，以及是否能取得先進設備而定，可從簡單的開始，再一步步前進，或是直接跳到最困難的部分。我希望較具挑戰性的酒譜，能激勵你在家中自行調製，或是在全世界的酒吧和咖啡館裡點更有趣的咖啡雞尾酒。請參考每道酒譜一開始的技術評等圖。

新手

相當簡單的飲品，只需要基本工具 —— 如果你是新手，請先從這些酒譜開始。

中階

更進階的飲品，可能需要更專業的材料和技術。

專家

複雜的雞尾酒，需要專業物品，較適合有經驗的調酒師。

酒譜單位注意：為了方便起見，這些酒譜包含英國（公制）和美國的測量單位（英制加美式量杯），但很重要的是，請固定使用一套測量單位，勿在兩種單位間變換。除非另有說明，否則所有湯匙的度量都是以平匙計算。

實用工具組

調酒師和咖啡師都會有一組特殊的工具來完成高品質的飲品。由嚴謹的日本和德國職人們以手工製造的極精準工具，已經變得越來越能輕易從網路商店、廚房用品店和餐飲用品店取得。儘管擁有這些工具很好，但這些物品並非不可或缺，尤其是在自家調製飲品時，稍微發揮一點創意就會有意想不到的效果，因此請即興發揮，就用你手邊有的工具試試看。

在這幾頁中，我詳述了你可能會需要的主要物品，並附上一些較容易取得的替代物品建議。圖示為專業人士工具箱裡應具備的詳盡物品精選系列。若你想購買這當中任何頂級的工具，或也許你只是想看著閃亮的炫麗工具流口水，請上 www.muddle-me.com，你會找到所有你可能想要的驚人精選系列，甚至更多，這些商品都可以在網路上訂購，而且可以運送至全球。

雞尾酒

雞尾酒雪克杯：兩件式的波士頓雪克杯（Boston shaker）是大多數調酒師偏好的雪克杯，因為它方便使用。亦可使用三件式雪克杯（cobbler shaker），或甚至是堅固的大玻璃罐也行得通。

量酒器：用來測量少量液體的裝置是基本的。若你沒有酒吧專用工具，烈酒杯（shot glass）、蛋杯（egg cup）或烘焙量匙也行得通。

霍桑隔冰匙：其設計的目的是要蓋住雪克杯的杯口，以快速將液體和如冰塊或果肉等材料分開，這是酒吧基本的工具。如果沒有的話，廚房用漏勺也可行。

吧匙：專業的調酒匙有多種用途，而且極為實用。主要用於攪拌和調製飲品。為了這個目的，以帶螺旋狀紋路長柄的吧匙為最理想；如果沒有的話，亦可用湯匙或木匙隨機應變。吧匙亦可用於少量測量（5 毫升），因此也可用來取代 5 毫升的量匙。

冰鏟：這經常被人遺忘的工具對於速度和衛生而言必不可少，因為它可輕鬆將冰塊移至你的雪克杯或玻璃杯中，不會讓髒手污染飲品。堅固的咖啡馬克杯也是很好的替代品。千萬不要用玻璃杯來舀冰塊，因為玻璃杯可能會碎裂，最後你的飲品中可能會有玻璃。

杯器皿：你選擇的玻璃杯會對完成飲品的外觀、觸感和整體評價帶來很大的差異，因此自然以綜合精選的優質玻璃杯（如全書中所見）為優先。然而，不要害怕即興發揮，就用你手邊的東西湊和。我喝過最好喝的飲品有部分是以二手商店的玻璃杯、果醬瓶，甚至是免洗咖啡杯盛裝。

最上排：量酒器、削皮刀、霍桑隔冰匙、隔冰匙、濾網、隔冰匙

中間排：小刨絲器、冰夾、搗棒、調酒棒、吧匙、小刀

最下排：雞尾酒雪克杯、調酒杯（Mixing glass）、苦精瓶（dasher）、霧化器（Atomizer）、雞尾酒飾針、冰鏟

咖啡

電子秤：如今即使是水也會經常秤重，因此電子秤是必不可少的，它可協助你在沖泡咖啡時掌握精準度和品質的一致性。

磨豆機：精確地研磨咖啡是讓你的豆子發揮最大效用的關鍵。所幸優質的磨豆機現在已經可以平實許多的價格購入，即便是跟幾年前比起來。請尋找容易調整且耐用的磨豆機。

鵝頸壺：用於精準的沖泡，這些優質的咖啡壺也搭配數位控制，有助到達並維持精準的溫度。

不銹鋼牛奶壺：很適合用來精準地加熱、打泡和沖泡牛奶。

托迪冷萃豆槽（TODDY COLD BREW HOPPER）：我是托迪冷萃系統（見第 41 頁）的超級粉絲。要大量沖泡出品質一致且保存期限達 2 至 3 週的美味咖啡是如此容易。

其他實用工具

- 圍裙
- 噴霧罐
- 苦精瓶
- 砧板
- 肉桂撒粉器
- 濾紙
- 茱莉普隔冰匙（Julep strainer）
- 量杯／壺
- 量匙
- 迷你香料研磨器
- 調酒杯（Mixing glass）
- 清潔刷（用來清理散落的咖啡研磨殘渣）
- 削皮用刨刀
- 尖銳的刀子
- 小濾杯
- 超級濾袋（Superbag）
- 搗棒／擀麵棍
- 茶巾／廚用擦巾
- 冰夾
- 真空密封袋

上圖：優質的家用電子磨刀式磨豆機。

最上排：Chemex 手沖咖啡壺、塑膠壺／拉花杯、摩卡壺、量匙、滴漏式咖啡壺

中間排：銅壺、濾紙

最下排：法式濾壓壺（咖啡壺）、磨刀式磨豆機、咖啡粉罐、電子秤

咖啡大事紀時間軸

從歷史的迷人角度來看咖啡。

一名衣索比亞的牧羊人注意到他的山羊在吃了櫻桃過後變得精力過剩。他將這些櫻桃帶到當地的修道院；修道士意識到嚼食這些櫻桃可以讓他們熬夜並完成更多的工作。

伊朗醫師伊本·西那（Avicenna）形容咖啡在醫藥上的功效：「有助於消化和血管系統。」

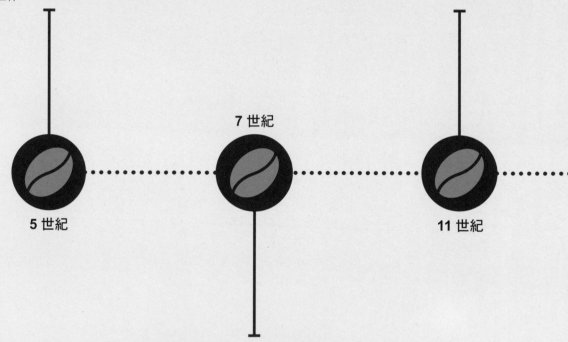

7 世紀

5 世紀

11 世紀

穆斯林朝聖者將咖啡帶到葉門。在這裡他們發現烘焙並沖泡豆子可製作增強活力的茶飲。他們開始在名為 Qahwa（阿拉伯文中的「咖啡」）的山上種植咖啡樹。

- 歐洲旅人拜訪中東並發現了咖啡。咖啡很快開始傳回他們的家鄉。
- **1647 年**：威尼斯第一間咖啡館：波特加咖啡館（Bottega Del Cafe）開張。
- **1650 年**：英格蘭第一間咖啡館：牛津便士大學（Penny University）開張。
- **1652 年**：倫敦第一間咖啡館：維吉尼亞咖啡館（Virginia Coffee House）開張。
- **1673 年**：德國第一間咖啡館：旭庭（Schutting）開張。
- **1675 年**：英王查理二世禁止咖啡館，因為他認為人們在咖啡館集會密謀反對他。
- **1677 年**：漢堡第一間咖啡館開張。
- **1683 年**：維也納第一間咖啡館開張；米朗琪（Melange）咖啡誕生。
- **1685 年**：荷蘭人開始在其殖民地種植咖啡。
- **1688 年**：愛德華·勞埃德（Edward Lloyds）在倫敦開了一間咖啡館（如右圖）。這間咖啡館後來演變成世上最大的保險公司。
- **1689 年**：巴黎第一間咖啡館：普羅可布（Cafe Procope）開張。
- **1696 年**：紐約第一間咖啡館：國王之臂（The King's Arms）開張。

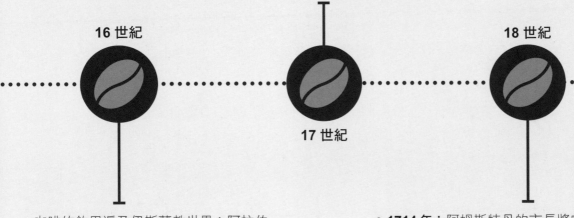

16 世紀

17 世紀

18 世紀

- 咖啡的飲用遍及伊斯蘭教世界：阿拉伯、埃及、土耳其和北非。
- 土耳其的第一間咖啡館於 1554 年開張，名為 Kiva Han，後來因成為「智慧學堂」（School of the Wise）而聞名。
- 土耳其人將咖啡引進希臘；在那裡，同樣的生產方式仍沿用至今。

- **1714 年**：阿姆斯特丹的市長將咖啡送給法國國王路易十四作為禮物。
- **1720 年**：葡萄牙人將咖啡帶到巴西。
- **1723 年**：一名荷蘭海軍軍官將咖啡樹苗帶至加勒比海地區，並種植在馬丁尼克（Martinique）。
- **1750 年**：羅馬第一間咖啡館開張。
- **1773 年**：波士頓茶黨事件（Boston Tea Party Rebellion）；咖啡追上茶，成為美國最受歡迎的飲品。
- **1777 年**：傳教士將咖啡傳播至中南美。

咖啡大事紀時間軸

從歷史的迷人角度來看咖啡。

- **1818 年**：第一台咖啡機──咖啡滲濾壺（Percolator）──由法國巴黎的洛洪先生（Mr. Laurens）發明。
- **1822 年**：第一台義式咖啡機由法國的路易伯納‧哈本（Louis Bernard Rabant）先生發明。
- 貝多芬據說會精準地使用 60 顆咖啡豆來沖泡他的咖啡。
- **1875 年**：西班牙人將咖啡樹帶到瓜地馬拉種植。
- **1888 年**：梵谷在他的畫作《夜晚露天咖啡座》（*Cafe Terrace at Night*）中使用咖啡作為主題。

19 世紀

20 世紀

- **1901 年**：日本化學家 Satori Kato 研發出最早的即溶咖啡。
- **1903 年**：德國商人羅塞魯斯（Ludwig Roselius）發明低咖啡因（Decaf）咖啡。
- **1908 年**：德國家庭主婦梅莉塔 斑姿（Melita Bentz）創造了過濾咖啡。
- **1936 年**：墨西哥推出全世界最暢銷的咖啡利口酒──卡魯哇（Kahlúa）。
- **1938 年**：雀巢（Nestlé）在美國發明了冷凍乾燥咖啡，並供應給士兵。
- **1946 年**：阿吉爾‧格吉亞（Archilles Gaggia）使用高壓來改良最早的義式咖啡機。
- **1960 年**：第一台幫浦式義式咖啡機由 Faema 公司製造。
- **1971 年**：第一家星巴克在美國華盛頓州的西雅圖開張。
- **1982 年**：精品咖啡協會（SCA）創立。
- **1988 年**：義式伏特加（Vodka Espresso，即濃縮咖啡馬丁尼）由英國倫敦的迪克‧布萊德塞爾（Dick Bradsell）發明。
- **1988 年**：來自墨西哥的公平貿易咖啡在荷蘭上架。

- 全世界日常的咖啡飲用量達每日 16 億杯。
- 1.25 億人口仰賴咖啡為生。
- 北美將 1/3 作為飲用的自來水用來沖泡每日的咖啡。
- **2010 年**：星巴克聲稱收益達 107 億，成為世界咖啡零售業的龍頭。
- **2016 年**：截至該年 11 月，星巴克在全球經營 23,768 間店。
- 總計約有 1 億 5 千萬的美國人每日飲用 4 億杯（或每年超過 1 千 4 百億杯）咖啡，讓美國成為全世界第一大咖啡消費國。

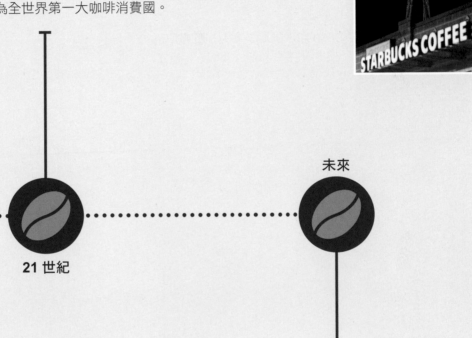

21 世紀

未來

1.25 億人口仰賴咖啡為生。

全世界每天喝掉 **22.5 億**杯咖啡。

咖啡的未來在哪裡？咖啡歷經了令人難以置信的旅程，看著它近十年來的快速成長實在令人嘖嘖稱奇。全球咖啡的一般品質和標準大幅飆升，而咖啡的種植也到達前所未有的新高度。10、20、50、100 年後咖啡會變成什麼樣，我們無從得知。以物種的角度來看，咖啡當然令人擔心，就像全球暖化、蜂蜜滅絕和疾病都是值得關注的議題。讓我們雙手合十，祈求咖啡能夠存活下來，而且希望許多世代都能見證其繁榮。我個人希望越來越多的人關心並喜愛咖啡，讓標準能夠持續提高，生產的方式能夠越來越符合永續原則且自然，而且咖啡農夫的工作能夠得到合理的報酬 —— 同時咖啡的價格又能讓每個人都負擔得起，能夠好好享受咖啡。

美妙的咖啡世界

咖啡是內容極其豐富且引人入勝的主題，充滿故事性，而且從歷史、科學和個人觀點來看都令人著迷。但這並不是一本將咖啡逐步且徹底分解的書 —— 這值得以專書來論述，或甚至是百科全書，而這樣的書已經為數眾多。本書主要關注的是，可以用咖啡和利口酒調製而成的大量美味飲品。

請記住，在我們開始調製之前，我想先讓你對美味咖啡的製作具備紮實的知識。這應該能協助你挑選並沖泡用來調製高標準飲品的最佳咖啡。完美咖啡的品質大大仰賴原料的品質，而且如果豆子沒有經過適當的種植、加工、儲存或烘焙，那麼無論你有多麼擅長操作義式咖啡機，你都無法完美無瑕地打造出具複雜度且平衡佳的咖啡 —— 簡單地說，朽木不可雕也！

左頁圖示：可採收的咖啡果實。理想上應將未成熟的果實留在樹上。

上圖：剛採收的咖啡果實，準備送去加工。

咖啡目前被列為僅次於石油的世界第二大交易商品。由於咖啡是如此寵大的產業，市售咖啡會有不同的標準也是很自然的事，就如同在超市或酒類商店架上找到的烈酒和葡萄酒也有明顯的差異。為了試圖強調劣質、普通、優質、格外優質的咖啡之間的不同，美國精品咖啡協會（SCA）在 1982 年成立，並將咖啡明確分為兩種：

商業咖啡：用來沖泡這種咖啡的豆子以盡可能低廉的價格大量製造，疏於照顧且不求精確。這種咖啡通常是為較大的品牌和咖啡連鎖店所製造，經常以重烘培的方式來掩飾不完美，這就是為何你需要添加大量的糖和牛奶來遮掩瑕疵。

此外還有一種我們感興趣的咖啡，在此用來製作高標準的飲品，即精品咖啡。

精品咖啡：這種咖啡在嚴格的條件下種植，而且必須達到 SCA 規定評分的 80 分以上。

你可在高品質的咖啡館和烘焙工坊找到這種咖啡，包裝上通常會標示詳細的資料，包括咖啡生產的地點、時間和方式。

咖啡簡述

這個我們認識並熱愛的飲品從咖啡樹展開它的一生。在熱帶潮濕的氣候下茁壯成長，所有主要的生產者都可以在被劃為咖啡帶（coffee belt）的區域找到。咖啡帶水平橫跨全球赤道以北或以南緯度 30 度，並位於水平面以上海拔 1000 ～ 2000 公尺處。

每個地區都有許多生產者。以下是主要的生產者：

拉丁美洲：墨西哥、瓜地馬拉、薩爾瓦多、哥斯大黎加、古巴、宏都拉斯、尼加拉瓜、巴拿馬、哥倫比亞、巴西、祕魯和牙買加。

非洲／阿拉伯：象牙海岸、衣索比亞、肯亞、烏干達、盧安達、蒲隆地（Burundi）、坦尚尼亞（Tanzania）和葉門。

亞太地區：印度、越南、印尼和巴布亞紐幾內亞（Papua New Guinea）。

若你知道有兩種特定亞種的咖啡樹是為了生產咖啡而種植，你可能會感到非常驚訝，它們就是一般所知的阿拉比卡和羅布斯塔。此外還有超過 30 種的亞種因屬性特殊，讓農人和烘焙師出於各種不同原因而渴求，因而在精選下進行培育 —— 波旁（Bourbon）和鐵比卡（Typica）是其中最常見的兩種。

阿拉比卡 ARABICA：這高品質的咖啡產自較為嬌弱且性質多變的咖啡樹，提供廣大、複雜的風味和香氣特性。

羅布斯塔 ROBUSTA：這種咖啡樹較強壯，能夠忍受較多變的溫度和較強的風，而且可以生長在較低和較高的海拔。羅布斯塔咖啡亦含較高濃度的咖啡因，並為最終完成的飲品提供更多的「克力瑪 crema」（咖啡油脂），但其較濃的苦味和較高的醇厚度，以及較不複雜的風味，讓它成為品質劣於阿拉比卡的咖啡。通常用於即溶咖啡的生產或廉價的調和咖啡大量生產上。

右圖：一顆完整的咖啡櫻桃和一顆裂開的咖啡櫻桃。大多數的咖啡櫻桃含有兩顆新鮮種子，又稱生豆，儘管有時也會只有一顆種子。

我們所熟悉的咖啡豆實際上是被稱為「咖啡櫻桃」的果實種子。咖啡樹最初會長出綠色的果實，每年成熟一次，在某些地區則是每兩年成熟一次，並形成各種不同的色調，但大多數的品種在最成熟時會形成深酒紅色。這些咖啡櫻桃必須在成熟期進行摘採——這對農人來說可能會非常棘手，因為成串的果實往往在不同時期成長，若在尚未成熟時摘採，綠櫻桃將會影響最終的咖啡品質。一旦採收，農人可從三種不同的處理法中選擇如何將果實去皮，以取得令人垂涎的種子。

日曬處理 NATURAL/DRY PROCESS：

將挑選過的果實攤開進行日曬，釋出水分並風乾，然後在乾燥的狀態下以機器去殼。以這種方式製作的咖啡幾乎總是較醇厚、甜度較高，而且經常被形容為「展現熱帶風情或如同燉煮過的水果」。

水洗處理 WASHED PROCESS：這是一

種較現代化的方式，使用機械和水洗去外殼，讓內部的種子露出。水洗處理的咖啡豆通常會散發柑橘水果味，而且具有乾淨明亮的酸度，醇度和口感較日曬處理的咖啡豆要清淡。

左上圖：在日曬處理中，咖啡果實在日曬場中鋪開進行乾燥——去除外殼並讓種子脱出的第一步。

右上圖：農場工人將咖啡種子攤開，讓種子能夠以均勻的日曬進行乾燥。

蜜處理 HONEY PROCESS：上述處理法

的綜合方式，這種處理法是以水洗處理脱皮（除去果肉，但仍包覆著果膠層），接著將豆子置於日曬下進行乾燥。在這種處理法中，農人較能掌控成品。

蜜處理依階段分級，在第一次處理之後到脱皮之前，視果膠層停留的時間而定，從黑蜜、紅蜜到黃蜜都有。黑蜜較接近日曬處理，而黃蜜較接近水洗處理，紅蜜則居中。

蜜處理咖啡通常具有更多變的風味條件，甜味也較其他處理法生產的咖啡更具深度，形成更平衡也更乾淨的酸度。

這一切或許看起來相當具有技術性，但當這三種處理法可能比咖啡產國更能決定進入你杯中的咖啡特質時，了解這些是很重要的。大多數的精品咖啡烘焙商會在咖啡包裝上提供處理法的相關資訊。

烘焙工坊

一旦經採收、分離、乾燥和靜置後，農人們便取得了可進行包裝的生豆，並可銷售給烘焙商。烘焙商經常與農人們保持密切關係，並依各種符合其味蕾、品牌及顧客需求的標準來挑選生豆。除了性質、特色展現和價格以外，許多買家也會將道德因素納入考量。

當生豆到達其新目的地時，它們還是非常淡而無味的，將它們加進熱水中，會沖泡出和我們所知的咖啡幾乎完全不同的成品，因此，咖啡生豆必須往前烘焙工坊，才能發展成風味令人喜愛的小棕塊。

儘管出自同一個國家的咖啡品種經常被歸類為具有相同的風味條件，但它們可能有極大的差異，因此烘焙師必須進行許多測試和品飲，才能在烘焙、調和並將咖啡豆升級為成品之前，了解每批的咖啡豆。

烘焙師必須做的決定之一，就是要將咖啡豆用於單品咖啡（single origin）還是調和咖啡（blend）。

左頁圖片：在原產地裝載生豆，然後運送至烘焙商手上。

左上圖：不同產地的咖啡。

右上圖：進入烘焙機的生咖啡豆。

單品咖啡 SINGLE ORIGIN：這些豆子的烘焙和包裝展現出特殊的特色和風土，通常來自單一國家的單一莊園，而且就像葡萄酒一樣，會顯露出特有的複雜風味和特性。精品咖啡通常會選擇單品咖啡豆來作為其特定的風味，並使用各種溫和的萃取技術，例如冷萃（cold brew，見 40 頁）和手沖（pour-over，見 46 頁）。

調和咖啡 BLENDED ORIGIN：調和咖啡一般較常用於商業用途，而且主要使用的是義式濃縮咖啡萃取法。混合各種來自不同莊園和

國家的咖啡豆往往會將風味條件放大，可承受更高的熱度，而且沖泡較不精準。這也可以是不同咖啡品種的調和 —— 例如可添加一部分的羅布斯塔來提升咖啡因和克力瑪（crema，即咖啡脂層）。

不同的產地和調和方式充分展現出不同的風味特性，而選擇適當的烘焙法也可能對最後成品帶來重大影響，因此找出符合你需求的適當方法是值得下功夫研究的。

烘焙師通常會進行十幾種測試，烘焙至不同程度後再進行「杯測」（cupping，用來品嚐多種咖啡的方法），以辨識出最適用於該單品咖啡或調和咖啡的處理法。

烘焙

咖啡烘焙機（coffee roaster，指機器，而非操作者）基本上是一台具轉桶的大烤爐，目的是用來均勻地加熱咖啡豆，以排出水分並使胺基酸、油脂和糖分焦糖化，打造出你將在杯中體驗到的驚人風味。

此外，還有一種職人叫「烘焙師」（roaster），負責看顧每一批咖啡豆的烘焙，以精準地控制顏色的深淺，目的是找出特定豆子的最佳烘焙點。最短的烘焙時間可以只有 10 秒，以免過度烘焙。

烘焙機有各種樣式和尺寸，「燃氣加熱滾筒式」是最受精品咖啡烘焙商歡迎的一種烘焙機。這些機器在某種程度上仰賴手動操作程序和緩慢的方法，以達成精準的品質，而大型的商業烘焙機則是努力快速地大量烘焙，以維持低廉的成本。

左下圖：在花俏的商業烘焙機問世之前，咖啡以手工進行烘焙。手工烘焙的技術變化多端，很難取得精準且一致的成果。

右下圖：新鮮烘焙的咖啡以快速旋轉來中止烘焙的程序。

不同的咖啡豆會依其風格和所需的風味條件目標，而烘焙至不同的程度。新鮮烘焙的咖啡豆接下來會進行靜置，讓它們有時間釋出殘留的二氧化碳，再趁新鮮密封裝袋。

為了盡可能維持新鮮度，咖啡必須以適當的方式儲存。大多數咖啡會以具單向透氣閥的密封袋包裝，這種密封袋讓二氧化碳能夠散逸出去，但又可阻止氧氣進入，因而可延長保存期限。一旦開封並暴露在氧氣之下，咖啡就會快速變質，因此理想上最好在幾天內使用完畢。一旦開封後，如果包裝袋可再度密封，就請保存在袋中；否則請保存在密封罐中，或是使用真空包裝機來將氧氣排出。請將咖啡儲存在陰涼乾燥處（請勿冷藏）。

咖啡一經研磨，甚至會更快變質，因此理想上應立即使用。

烘焙度依顏色可分為四種：淺烘焙、中度烘焙、中等重烘焙和深度烘焙。每種烘焙度在進入你的杯中時，會展現出不同的特性。烘焙度越淺，酸度越高，醇厚度則越低。烘焙度越深，醇厚度越是增加，酸度和咖啡因則越是減少。

淺烘焙 LIGHT ROASTS（淺城市 Light City；半城市 Half City；肉桂式 Cinnamon）：淡褐色，這些咖啡豆最適用於較溫和的咖啡品種和

沖泡法。它們的表面非常乾燥，因為烘焙的時間不夠久，無法將內部的油脂帶出來。

中度烘焙 MEDIUM ROASTS（城市 City；美式 American；早餐式 Breakfast）：牛奶巧克力的顏色，這些咖啡豆的表面乾燥，並產生較有深度的風味。適用於手沖咖啡，經常被稱為美式烘焙，因為這是美國偏好的烘焙度。

中深烘焙 MEDIUM-DARK ROASTS（深城市 Full City）：黑巧克力色，這些豆子的表面帶有薄薄一層油脂，而且會產生苦中帶甜的餘味。中深烘焙是今日許多咖啡師選擇用來沖煮義式濃縮咖啡的烘焙度。

深度烘焙 DARK ROASTS（High；大陸式 Continental；紐奧良式 New Orleans；歐式 European；義式濃縮 Espresso；維也納式 Viennese；義式 Italian；法式 French）：這些深黑巧克力色的豆子表面油亮。範圍較廣，可從微深度烘焙至重度燒烤（heavily charred）。這是全歐洲用於義式濃縮咖啡的傳統烘焙度。

每一種子分類都有所不同，因此請詢問特定產品屬於哪個烘焙等級。

上圖：由淺至深的烘焙範圍。

右上圖：從左至右為生豆、淺烘焙、中度烘焙、中等重烘焙和深度烘焙。

挑選咖啡

調酒師很少有機會挑選咖啡，因為大多數場所都有預先挑選好的供應商。他們將必須充分利用既有的資源，或是最好逐漸培養對咖啡的鑑賞力，以挑選適合他們想打造飲品的最高品質咖啡。

在家中，你可自由地用你想沖泡的咖啡發揮更多的創意。首先，欲購買優質的咖啡豆可能並不是那麼容易——就像踏入法國葡萄酒酒窖，裡頭充滿令人困惑的標籤一樣。然而，如果你找到願意協助的烘焙師或咖啡師來引導你，這也可能會很有趣。

在這樣的協助下，你可以小心地從各種風格和產地中找出你喜歡的——但要注意的是，咖啡具有季節性，因此要固守同一種風味會有點困難。不過，你的味蕾會感激有這些實驗的機會。

基本上，在挑選咖啡時要考慮七大關鍵要素：

100% 阿拉比卡（ARABICA）：這是必要的，而且95% 以上的優質品牌只會出售100% 阿拉比卡的咖啡。

烘焙度：如同26 至27 頁所討論的，烘焙度對咖啡的酸度、醇厚度和複雜度帶來重大影響。你選擇的烘焙度必須適用於你打算使用的萃取法（見34 至39 頁）。大多數品牌會標明是適用於濃縮咖啡還是手沖咖啡的烘焙——濃縮咖啡的烘焙度較高，會形成更佳的醇厚度；手沖咖啡的烘焙度較低，展現出果味、酸度和甜味，適用於較溫和的沖煮法。你可請咖啡師提供更多關於烘焙深度的詳細資訊。

原產地：這將為你提供關於其特性的指南，但須注意的是，即使是在同一個國家裡，不同的農場之間也會存有巨大差異。

海拔：在較高海拔生長的咖啡樹通常會產出密度較大、結實的豆子，而且會帶有更多的果酸和複雜度；而生長於低海拔的咖啡樹則咖啡因濃度較高，苦澀味較重。

處理法：處理法（日曬處理；水洗處理；蜜處理，見23 頁）對你咖啡的風味成果與特性而言至關重要。

品種：咖啡的特性涵蓋廣大的面向。然而，這超過30 種以上的咖啡品種知識，預計大概只有咖啡學霸才懂，因此請找出你喜歡的品種，然後將這做為探索更多品種的指引。

品飲記錄：最重要的就是品飲記錄。請找出你最喜愛的風味。如果最後沖泡出來的咖啡嚐起來像馬糞，誰還在乎它是否來自蘇門答臘高海拔的有機農場。

在每道酒譜的咖啡註記中，我根據自身經驗提供建議，但最終你還是要親自去熟悉自己地區裡所能取得的咖啡，去辨識其風味與特性來搭配你的飲品。

咖啡風味

咖啡嚐起來就是咖啡，對吧？呃，是這樣沒錯，但是……當我們更深入探究咖啡的風味成分究竟是由什麼組成時，一層又一層地揭開它複雜的科學結構，以不要太技術性的話來說，烘焙咖啡充滿了各種成分──酸、糖、油脂和澱粉，這一切的組合形成了它個別的特色。

要萃取這些成分需要水、時間的控制，當然還有抽取出不同程度的各種風味和香氣（果味、花香、巧克力等）的時間。例如在以法式濾壓壺沖泡咖啡時，較高的溫度和較長的萃取時間，會抽取出較多的苦味特質，而較低的溫度和較短的萃取時間會形成較容易入口且較甘醇的咖啡。

氣味：我們可以像分解葡萄酒或威士忌一樣，將咖啡分解成個別的風味成分。然而，對我來說，品嚐咖啡的體驗是先從衝擊我嗅覺的香氣開始，立刻將類似烤麵包味、烘焙味、堅果味、焦糖味、「嗯嗯，這是咖啡」等訊息傳送到我的大腦。這些氣味讓人提神醒腦，而這都來自我從每杯咖啡中所攝取的咖啡因。這些元素的結合立即為我的臉上帶來一抹微笑，並渴望它在我的唇間交會。

口感：當咖啡入口時，從口感中所發現的不同感受，幾乎是一種衝擊，讓一般會使人聯想到甜味的香氣變成了配角。在每一小口的啜飲中，你通常會嚐到嗆鼻的酸、強烈的苦和細微的甜──不是一起和諧地共舞，就是像週五晚上在 kebab（土耳其烤肉）店外的醉鬼一樣在街上喧嘩。在啜飲第一口後吸氣，你就會被從嗅覺通道（從你的上腭到鼻腔內）傳來的第二波香氣所征服──或許是蘋果、柑橘、核果或莓果的調性，或花香、植物性、草本或煙燻的香氣。基本上，你正在品嚐咖啡從熱帶山坡的樹上，經由摘豆工、乾燥機、烘焙師和咖啡師之手，再到你杯中的歷程。

而在我們每一個人以自己的方式品嚐食物、飲品和生活時，基於我們的基因組合和過往的經驗，我們可以系統化地檢視並評估自己正在食用的是什麼，以便更進一步地了解，而且希望能夠再多享受一點。對某些人來說，無知便是福，這樣也很好。

右頁的風味輪細分出不同的風味種類，有助你了解它們彼此如何交互作用。可使用它來訓練你的味蕾和大腦共同合作來辨識並評估風味。例如，如果我可以聞到麥芽和果仁味，那麼我可以假定也有焦糖味、巧克力味和焦糖化風味等特質，因為這些味道都是息息相關的。接著如果我啜飲並感覺到澀口和刺激的口感，那麼我會品嚐到酸味。彼此接續的項目經常（但並不總是）成對出現。每一種咖啡可能有數種元素，因此我可以嚐到麥芽味和堅果味，同時也嚐到帶有碳特質的煙味和灰燼味。

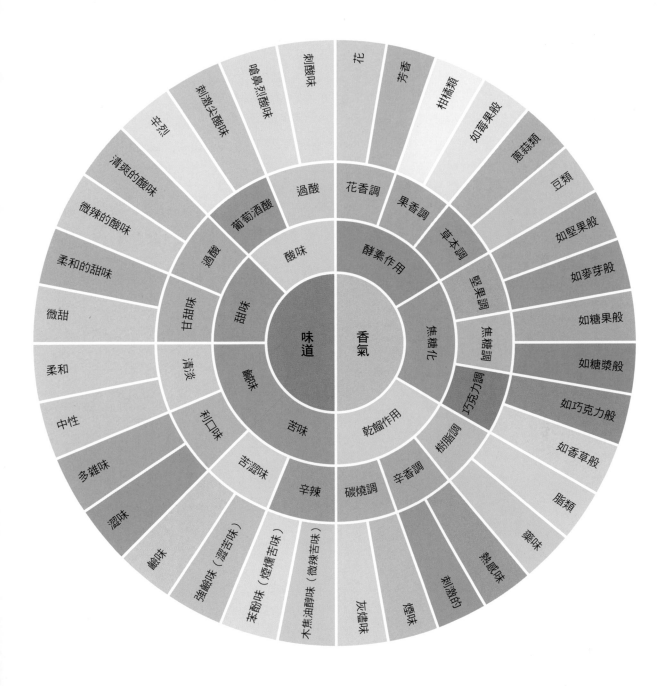

上圖：這是基本風味輪的例子。1995 年，咖啡精品協會（Specialty Coffee Association）發布了詳盡的風味輪，並在 2016 年和世界咖啡研究中心（WCR）一起合作更新。這最大的咖啡風味研究作品激發出更豐富的詞，並為業界的專業人士帶來對咖啡風味更深入的了解。

沖泡適用於雞尾酒的咖啡

我希望透過閱讀前面的章節,你已對咖啡及其製造法有更深入的了解,並更懂得如何選購。你所挑選(或在可負擔範圍內沖泡出來)的咖啡,將對最後雞尾酒成品帶來重大影響。其產地、種類、處理法、烘焙度和新鮮度最終會決定你沖泡飲品的品質,或許甚至比不同沖泡技術所產生細微差異還大。但話說回來,選擇適當的沖泡和萃取法並精進你的技術也會有幫助 —— 在接下來的幾頁中我將提供大量的建議。

不同的沖泡法會在咖啡中產生不同的化學反應。這會產生不同的味道特徵、香氣、醇度、酸度、苦味和味道的深度。

除了你值得信賴的義式咖啡機以外,還有一整個世界各種不同的選項可以實驗,從傳統的阿拉伯咖啡機到現代神奇的咖啡機,例如「愛樂壓」(Aeropress),或是可隨身攜帶的袖珍「隨行濃縮咖啡吧」(handpresso)。我會力勸你多方實驗,並探索各種不同的方式,以找出當你在酒吧或家中設計雞尾酒時可以搭配的咖啡風格。

儘管有許多方式可用來打造調製雞尾酒用的咖啡,但我建議你使用兩種主要的萃取法。

義式咖啡機:是酒吧裡必備的選項。它為你提供美味而濃烈的咖啡,可用於無數的酒譜,而且與許多其他的方法相較下,沖泡時間快速(然而它還是有其缺點在)。Nespresso 或類似的膠囊咖啡機也是同樣的作用。儘管並非萬能,但還是有許多其他的優點,例如小巧、速度和一致性。如何用你的義式濃縮咖啡機取得優良成品請參考 36 至 39 頁。

右圖:沖煮新鮮的義式濃縮咖啡。

冷萃：義式濃縮咖啡至今一直是最常用於咖啡雞尾酒的萃取法。然而，到處都有動作緩慢但穩健的調酒師，和在自家沖泡咖啡者，正在從義式濃縮咖啡跳躍至冷泡法，而這也將是未來幾年的趨勢。在酒吧裡，ICB（冷泡法）就是咖啡雞尾酒的未來！

使用冷泡法（見 40 至 43 頁），你可創造出大量、品質一致、平衡良好且保存期限長的咖啡，而且可以立即供應。這些都是讓它在酒吧的使用中非常吸引人的原因。它的好處繁多，無論我怎麼推薦都嫌不夠。

祕訣與技巧

以下是我達成良好結果的祕訣，但請記住，熟能生巧，你很快就能改善你的結果並從錯誤中學習：

上圖：不論你是用哪種方式或機器來沖煮你的咖啡，系統化、潔淨且具一致性的方法將能收穫最佳成果。

- 精準地測量並秤出水和咖啡的份量。
- 確認溫度處於建議的範圍內。
- 將工具和設備消毒。
- 做筆記。如此一來就可以使用刪除法來取得最佳結果，而非一直在原地打轉。

觀察與學習

別怕到你最愛的咖啡館櫃檯找個位子坐下，點一杯咖啡，然後直接在專業人士身旁觀摩、詢問和學習。專業的咖啡師通常是自豪的咖啡極客，他們熱愛自己的手藝，通常也不吝於向詢問者分享。只要確保你挑的是他們一天中較不繁忙的時刻，並留下慷慨的小費。

最後，請記住，如果你用愛來呵護你的咖啡，它也會用愛來回報你，而你就會獲得獎賞。

萃取

在沖泡你的咖啡時，有十幾種萃取法可以選擇。從冰滴或 Chemex 手沖咖啡壺，到摩卡壺或虹吸壺。在搭配不同的咖啡豆、烘培度和萃取比例時，有無限種可能。在精品咖啡中，咖啡師在供應每一杯咖啡時，都會考量這所有的因素；然而在家中，這所有的因素都取決於你。

為取得最佳結果，你需要使用有條理的測量和實驗程序，在進行的過程中一邊進行微調，目標是打造你喜愛品飲的完美且品質一致的咖啡。

在接下來的幾頁中，我會提供一些沖泡的關鍵小祕訣，可用於本書中使用的四大主要萃取法：義式濃縮咖啡、冷萃、法式濾壓和手沖。

左下圖：即將進入磨豆機的烘焙咖啡豆。
右下圖：新鮮現磨咖啡豆正進入義式咖啡機。

還有一個關於膠囊咖啡的章節，供 Nespresso 的使用者參考。我果斷地刪去了許多其他的方法，例如愛樂壓和摩卡壺，因為我認為它們在製作咖啡雞尾酒上並不是特別有效率。

研磨：咖啡的研磨方式對萃取過程來說非常重要，但經常受到忽視。不同的沖泡法會有不同的咖啡粉接觸需求，而每一種都會造成不同的風味，但未必都是令人欣賞的風味。例如在義式濃縮咖啡中，水和咖啡粉交會的時間僅有 15-30 秒，這意味著咖啡粉必須精細，水才能

迅速深入滲透，並帶出風味、香氣和口感來。咖啡機吸取水分的壓力也會有幫助，而這就是創造出迷人滑順的「克力瑪」（crema，即咖啡脂層）的原因，而克力瑪便是我們對義式濃縮咖啡懷抱期待和喜愛的主因。如果咖啡粉磨得太粗，咖啡的萃取度會不夠（萃取不足），如果磨太細，又會對醇厚度和風味成分過度萃取。因此用於各種方法的研磨必須精確，才能達到你擁有的咖啡豆的最佳效果。

為了進行精確的研磨，你會需要一台錐刀型磨豆機（conical burr grinder）（見第 14 頁），因為它們最精準，品質也最一致。你可在任何一家電器行找到，從大型的商業用機到小巧的家用機都有。請避免使用刀片型磨豆機（spinning blade grinder），因為非常不精準而且缺乏效率。

理想上最好只在需要時才研磨咖啡，因為磨好的咖啡粉經氧化會快速變質。請以密封容器將咖啡粉儲存在陰涼處，並盡量在幾日內使用完畢。請勿冷藏。

要認真找出不同沖泡法的最佳研磨設定會需要做一點實驗，因此我建議你做筆記，以便追蹤結果並排除重複的錯誤。

下圖：由細至粗的咖啡粉，在你使用的萃取法中選用適當種類的咖啡粉非常重要。「超細」（Extra Fine）咖啡粉未出現在圖中，那是用於土耳其式萃取的咖啡粉。

細	中細	中	粗	整顆咖啡豆
義式濃縮咖啡	愛樂壓 摩卡壺	Chemex 手沖	虹吸式 冷萃 法式濾壓	

義式濃縮咖啡萃取

義式咖啡機於 1940 年末期誕生於義大利，目的是為了供應優質的咖啡給匆忙的顧客。義式咖啡機很快開始盛行，並成為全世界咖啡愛好者心目中第一名的沖泡咖啡法。今日它是最常用於雞尾酒的沖泡咖啡方式，而義式咖啡機成了大多數酒吧必備的添購設備 —— 而且理由充分。沒有比雙倍濃縮咖啡更能讓夜生活活躍起來的了，更不用說是濃縮咖啡馬丁尼，還是一堆其他令人精神振奮的咖啡加酒的飲品，而這些都可以用義大利最出色的出口商品來製作。

在酒吧裡供應濃縮咖啡馬丁尼有其優缺點。優點包括你可取得美味、有深度、濃烈、複雜的濃縮咖啡，製作速度較其他方式快速，工作人員和客人都較為熟悉，當然還有它豐富的克力瑪（crema，即咖啡脂層）。

然而缺點是機器的體積龐大，會佔去酒吧裡寶貴的空間，經常因性能不穩定而帶來時好時壞的結果，和直接從瓶子倒飲料的方式相較下速度較緩慢，以及每晚結束後繁重的清潔工作。但它最大的失敗原因往往在於咖啡豆／粉的品質和人員缺乏訓練。

咖啡豆／粉的品質：不論你的機器保養得多好，你的萃取進行得多麼順利，你能對原本的咖啡豆／粉帶來的影響就僅此而已，如果咖啡豆／粉的品質低下，缺點到了最後還是會顯現出來。

訓練：缺乏品質的訓練可能會導致工作人員之間的狀況非常不一致，而且往往帶來不良的結果。當涉及大規模訓練和測試人員時，我只能盡可能強烈要求進行嚴格的酒吧管理，以確保他們能製作出品質一致的咖啡。為他們灌注熱情，讓他們隨時都能提供最高標準的咖啡！

左圖和右頁圖：當優質的咖啡從義式咖啡機滴入你的杯中時，那是非常特殊的神奇時刻。其色澤、香氣、質地和溫度都使人著迷。

祕訣與技巧

假設你已有一台義式咖啡機、磨豆機、填壓工具等，而且知道如何使用它們，以下是一些協助你用自己的機器獲得最佳成果的祕訣與技巧。

- 請勿在磨豆機的豆槽裡裝載多於當天會使用的量。
- 只在需要時才磨豆，勿提前磨豆。
- 將濾器把手（portafilter）取出後，用水沖洗沖煮頭 2 至 3 秒，沖去所有上一次萃取時遺留下來不想要的殘渣。
- 將把手淨空，擦去所有的咖啡殘渣。
- 理想上最好將咖啡秤重，取得精準的份量，才能沖煮出品質一致的咖啡。如果無法做到，就將咖啡粉杯填滿，並將咖啡粉刮平，以確保能均勻地沖泡。

- 如果咖啡粉分布不均勻，你可用手輕拍來搖動咖啡粉，但請勿用填壓工具敲。
- 將濾器把手擺在工作檯上，用填壓器均勻按壓。很重要的是，不要只按壓一邊。
- 將填壓器緊貼下壓，輕輕左右轉動，將咖啡粉按壓至表面平滑。
- 用手抹去邊緣多餘的咖啡粉，以確保這些咖啡粉不會掉入濾杯中。
- 一旦將濾器把手加進咖啡機，就必須立即進行萃取，因為將把手留置在機器上，會過早開始加熱咖啡粉。
- 留意萃取過程，這是關鍵時刻！太快意味著萃取不足的咖啡，太慢意味著帶有焦苦味的過度萃取咖啡。你需要讓流速恰到好處（見上一頁）。
- 咖啡粉的粗細和填壓的力道對這道程序的影響最大，因此你將需要調整這些因素以取得

左圖：小心地填壓咖啡粉，打造美味的義式濃縮咖啡。　　**右圖：**填壓失敗的例子！

左圖：經加熱和注入空氣的牛奶。

右圖：倒出完美的「小白」*咖啡。

最適合你機器的成果。

- 萃取 20 至 30 秒。如果你觀察萃取的過程，你會看到顏色開始變淡且流速改變。這表示萃取已經完成。
- 檢查萃取出的克力瑪。理想上你會想看到漂亮的克力瑪，而不要有深淺不一的斑點。
- 若講到打奶泡（即在以蒸汽加熱沖打牛奶時，讓牛奶充滿微小的氣泡）並倒入咖啡中，這是略為精巧的藝術形式。要達到良好的質地，需將奶泡管精準地放入拉花壺中和精準的控制，以形成流動的漩渦，接著是被稱為「拉花」（stretching the milk）的程序。

- 動作輕柔而流暢，勿過度刺激。
- 觸摸拉花壺底部以判斷熱度，如此便可取得適當的溫度，而這都來自經驗。
- 寧願熱度不足，也不要過熱，因為牛奶一旦燒焦，風味就會改變並損害你的咖啡。
- 最後，請隨時保持你的機器和工具潔淨整齊。定期用水和咖啡機清潔劑反沖洗。請記住，如果你好好照顧你的機器，它就會好好照顧你！

---

* Flat White，又稱鮮奶濃縮咖啡，也有人稱為白咖啡，在星巴克名為「馥芮白」，許多店家則喜歡暱稱它為「小白」。

冷萃

我是堅定的信仰者（傳教士），深信不論是在酒吧還是在家中，冷萃咖啡都會為調酒帶來好處，而其他人也會以緩慢但堅定的腳步，漸漸理解這種方法帶來的品質和便利性。

在冷萃技術中，我們使用的是時間而非熱度來萃取咖啡的風味和香氣，而這會造就出極為不同，但一樣美味的成果。甜度提高，但酸度和苦澀味減少，冷萃讓人齒頰留香而且風情萬種，可以以無數種方式供應。

有很多不同的冷萃法，但每一種都最適合使用單品的阿拉比卡咖啡豆（見 22 頁），而且需要類似法式濾壓咖啡使用的或是更粗的粗咖啡粉（見 35 頁）。你使用的咖啡和水的比例和個人偏好有關。我傾向以濃縮的濃度進行萃取，然後再視需求加水沖淡。

冰滴咖啡： 水緩慢地滲透咖啡粉，滴入下壺，一路汲取咖啡的特色。這需要相當高科技且精緻的工具組件，即「冰滴咖啡塔」（見右圖）。

常溫水或冰水置於裝咖啡粉的中槽上方的壺中。上壺具有流量調節器，經調整後可讓水緩慢地滴在咖啡上，接著流經濾器，進入底部的空容器中。建議使用類似冷泡法或法式濾壓使用的粗咖啡粉。比例由你決定，看你想飲用多濃的咖啡——1：10 的比例很適合直接飲用，

但我傾向製作 1：7 的濃縮咖啡來調製雞尾酒。

整個程序所需的時間長短依濾杯的持水量和設定水閥的速度而定。我傾向使用 2 公升／ 66 盎司的水、280 克／ 10 盎司的咖啡粉，滴水

右圖：冰滴咖啡塔。水受重力所牽引，緩慢地向下流經咖啡，產生冰滴咖啡。

的速度設定在每 1.5 秒 1 滴（每分鐘 40 滴）。這會產生複雜但濃烈的濃縮液，如果你想沖淡可再進一步稀釋。

第二種方法，也是我個人在家中和酒吧最愛使用的方法，就是「冷泡法」。

冷泡法：這基本上可以解釋為「緩慢浸泡的批次處理」。要執行這個方法，只要在裝於大容器的水中加入大量的粗咖啡粉，讓水緩慢地吸收咖啡的特質。一達到想要的結果就進行過濾，將水和咖啡顆粒分開。

咖啡粉的研磨度以及和水的比例在此非常重要，總浸泡時間也是如此。不同的濾器也會帶來不同的結果，因而需要微調。我使用右邊和下一頁的配方做為基礎，接著調整至適合不同產地和不同烘焙度的咖啡。

整體而言，我發現將這種方法用於這些比例的萃取，可打造出力道絕佳且適用於調製雞尾酒的咖啡，而過去我只會使用義式濃縮咖啡。一旦你實驗出可以達成你想要成果的方法，你很快就會成為專家。

托迪冰釀系統（TODDY SYSTEM）：在使用這種方法時，請以 1：5 的比例在上壺裝入粗咖啡粉和冷水（250 克／9 盎司的咖啡粉：1250 克／43 盎司的礦泉水）。依烘焙度而定，我往往會靜置 16 至 18 小時。塑膠上壺有內建的可拆式濾器，因此在準備好時，只

要將底部的塞子打開，讓咖啡滴入下方的玻璃下壺。這需要約 10 至 15 分鐘的時間，而且會產生 1 公升／33 盎司的濃縮冷萃咖啡。我發現這是最簡單，也最能讓品質一致的方法。

濾紙與超級濾袋：使用這種方式時，請以 1：5 的比例（250 克／9 盎司的咖啡：1250 毫升／43 盎司的礦泉水），在大罐子中同時加入粗咖啡粉和冷水。依烘焙度而定，我傾向讓咖啡靜置 18 至 20 小時，因為精細的濾紙往往會比托迪冰釀系統過濾掉更多的味道，因此可用更多的時間來彌補這點。務必要先用水

右圖：托迪冰釀系統。在塑膠上壺中放入咖啡粉和水，進行浸泡。準備好時，將塞子打開，冷萃咖啡就會慢慢從濾器滴入下方的玻璃壺中。

上圖：使用托迪冰釀系統，咖啡粉剛加進水中，正在緩慢地浸泡。

徹底沖洗濾紙，以去除紙纖維，同時也讓細孔再稍微張開。超級濾袋的萃取度稍低，因此 17 至 19 小時應該較為適當。

這些方法的流速也比托迪濾器要緩慢許多，因此，請暫時將它擱置一旁，給它時間充分滴落，而不要施壓。它們也會產出 1 公升／33 盎司的濃縮冷萃咖啡。

法式濾壓壺： 當你手邊沒有花俏的濾器時，法式濾壓法很適合家中的少量沖泡。其不銹鋼濾器的網孔也比其他的濾器稍大，請將比例改為約 1：6（166 克／6 盎司的咖啡：1 公升／33 盎司的水）。讓咖啡靜置 16 小時，接著將壓桿下壓，並將過濾的冷萃咖啡倒出。這種濾壓壺會為你留下較油亮且似沙子般粗糙的咖啡，因此不要被它的混濁度給嚇到。

以上這些方法都能帶給你濃烈的濃縮咖啡。我發現以上述方式萃取的濃縮咖啡，取 30 毫升／1 盎司的量，再配上 30 毫升／1 盎司的義式濃縮咖啡，即是完美搭配，酸度和苦味減少，有助形成超順口的飲品。亦可使用如苦精等其他材料，來彌補不同雞尾酒所需的平衡度。

儲存： 將你的冷萃咖啡裝瓶，冷藏保存——保存期限應可達兩星期，便可在酒吧和家用中提供絕對完美的呈現。搭配冰塊享用會非常可口，或是加入冰水來延長飲用的時間，和各種乳品——從牛奶至椰奶——也是良好搭配。而且如果你隨時隨地想要來杯熱咖啡，只要在一小杯的冷萃咖啡中添加沸水，就能得到令人滿意的成果。

烘焙： 通常在沖泡冷萃咖啡並單獨飲用時，我會使用淺／中度濾泡式咖啡烘焙，帶出更多的果味並減少酸味。然而，若是要用於雞尾酒上，我發現較深度的義式濃縮咖啡烘焙往往效果更佳，因為它們會提供我們在使用義式濃縮咖啡時習慣的醇厚度和酸度。

左上圖：超級濾袋過濾步驟 1
右上圖：超級濾袋過濾步驟 2
左下圖：粗研磨咖啡粉
右下圖：法式濾壓壺過濾法

法式濾壓萃取

值得信賴的古老咖啡活塞壺，又稱法式濾壓壺，是幾代以來在家沖煮咖啡的主力商品，也是既快速又簡單的方法，可以在不到 10 分鐘內為一群朋友從容地沖煮咖啡。然而，如果草率丟進一堆的材料，往往會帶來很糟的結果。你必須精準地測量、計時和掌控溫度，才能為你的咖啡沖煮出最佳風味。以下是我對一次沖煮二杯份量咖啡的教學。

兩人份
粗咖啡粉 32 克／ 1 又 1/8 盎司
常溫礦泉水 100 克／ 3 又 1/2 盎司
沸水 400 克／ 14 盎司（再加上預
　　熱用沸水 200 克／ 7 盎司）

水壺的水一燒開，就將 200 克／ 7 盎司的水倒入你的法式濾壓壺中預熱。搖晃後將水倒掉。也能在這時預熱你的咖啡杯。

將咖啡粉放入法式濾壓壺，用礦泉水浸濕，接著靜置 30 秒。這將會「悶蒸」（bloom）咖啡，讓二氧化碳蒸發，並讓你在加入熱水時，咖啡不會燒焦。

快速攪拌，接著用水壺倒入 400 克／ 14 盎司的熱水（見右頁右上圖）。蓋上蓋子。靜置泡煮 4 分鐘。

將壓桿緩緩並平穩地下壓（見右頁左下圖）。

倒出咖啡並享用。

咖啡師祕訣

- 立即倒出所有的咖啡，以免過度萃取可能會帶來苦味。
- 挑選具備你所喜愛特性的優質單品咖啡豆。不同風格的咖啡將會影響你的萃取比例，因此請反覆試驗以找出最佳成果。
- 理想的使用水溫為 96℃／ 204℉。

手沖萃取

過去幾年,以如 V60(如圖)和 Chemex 等器具過濾並沖泡的手沖咖啡突然間變得極其流行。咖啡極客和咖啡師因許多理由而將這些方法徹底發揚光大 —— 主要的原因是它們比起義式濃縮咖啡或直火式咖啡壺而言,是溫和許多的萃取法,因此在展現 100% 阿拉比卡單品咖啡更細緻微妙的特質方面也相當出色。萃取比例、水溫,以及咖啡粉與水的接觸,都是可以操控的,這讓咖啡師能夠供應淡味、乾淨且平易近人的咖啡。這是非常有條理的方法,而且對於取得適當的重量比而言必不可少。

中研磨/粗咖啡粉 16 克/ 1 又 1/2 盎司

沸水 250 克/ 9 盎司(理想溫度為 96℃/ 205 ℉,再加上預熱的沸水 100 ～ 200 克/ 3 又 1/2 ～ 7 盎司)

沖洗濾杯並預熱你的容器 —— 水壺的水一燒開,就將約 100 ～ 200 克/ 3 又 1/2 ～ 7 盎司的水透過濾杯倒入你的咖啡杯或水壺中,搖晃後將水倒掉。

將咖啡粉加進濾杯,用 50 克/ 1 又 3/4 盎司的水浸濕,接著等待 20 秒。這稱為悶蒸,因為這會將二氧化碳釋放至咖啡中,形成帶有苦味的碳酸(見右頁的右上圖)。

倒入剩餘 200 克/ 7 盎司的水,緩慢地繞圈,以確保均勻萃取(見右頁的左下圖和右下圖)。等待咖啡滴落。

倒入杯中並好好享用!

咖啡師祕訣

若要和朋友一起分享,這是製作沖煮咖啡的好方法。但我個人並不傾向太常將它用於雞尾酒中,因為它有點慢且費力。

膠囊咖啡萃取

儘管 Nespresso 並非市面上唯一可取得的單杯膠囊咖啡機，但它出乎意料地竄紅，為家庭和辦公室的咖啡沖泡帶來革命，並成為目前市場上的領導者。近年來，膠囊咖啡確實已在全世界蓬勃發展。

許多人極其信賴它，其他人則強烈反對它。我個人則是持中立的觀望態度，因為它各有利弊。這對於包括酒吧等小空間來説是不錯的選項，可以盡可能不慌亂地製作咖啡，而且其萃取品質遠勝過任何的即溶咖啡，實際上也打敗不少商業咖啡店。儘管其風味特性，和經驗豐富的咖啡師沖煮出來的高品質精品咖啡相較下，仍是相形失色，但其一致的品質和便利性是很大的優勢。這使它很適合用來調製雞尾酒和無酒精雞尾酒（mocktail），因此我認為我們會看到在接下來幾年，人們在家和在酒吧裡都會變得越來越具創意。

負面的評價當然是因為膠囊咖啡會製造出過度的污染。無法在一般工廠回收，必須直接送回給生產者，這違背了人們最早以為它能提供便利性的期待。到了這個消費者越來越重視環境議題的年代，這對許多人來説就是破壞約定。

單杯膠囊咖啡機漸漸成了我們這個年代的即溶咖啡。而且如果它讓你開始對咖啡感興趣，而且可以確保我造訪時得到一杯還像樣的咖啡，那麼當然，就去嘗試吧……而且這最終可能會引導你走向追尋更美味的咖啡之路。

我有三項祕訣提供給膠囊咖啡機的使用者：

- 讓水箱保持低水位，讓你一直能使用品質新鮮的水。
- 保持機器潔淨。每次萃取前先用少量的水運作一次，以清除所有舊的殘渣。
- 若你喜愛膠囊咖啡機的便利性，可考慮改用冷萃法（見 40 頁）。你可調製一批 2 公升／66 盎司的咖啡，便可幫助你度過整整一兩個禮拜，同時為每一杯咖啡提供絕佳的風味、一致的品質並盡可能讓你保持從容不迫。

下圖和右頁圖：膠囊咖啡機和咖啡膠囊。

雞尾酒基礎知識

雞尾酒是什麼？沒錯，它們是使用許多不同的材料調製而成的酒精飲料，但它們可遠遠不僅是如此而已！打造美味的雞尾酒是特殊的時刻，這是讓調酒師可以向顧客展現技巧，同時展現他們自己的個性和場地個性的時刻。

完美的 G&T：來一杯簡單的琴通寧（Gin & Tonic）。儘管賓客可以在世界上任何地方的任何酒吧買到一杯琴通寧，但每一杯之間還是會有很大的差異，即使基本上都使用同樣的四種材料 —— 琴酒、通寧水、裝飾和冰。

玻璃杯會對外觀和觸感帶來很大的差異，更別說是香氣的展現。冰塊的形狀、品質和份量也會影響從開始到結束的美觀、溫度和風味。最後悲傷地從頂端落下，看似微不足道的柑橘水果片，可以也應該擠壓以釋放果汁和精油到飲品中，可加強風味和香氣，尤其是在和所選琴酒的特性適當搭配的情況下。

事實上，柑橘水果和你倒出來的飲品真的是適當的搭配嗎？還是有其他更適合的搭配，例如小黃瓜或新鮮羅勒？

最後，不同種類和比例的琴酒和通寧水會大大地影響到品飲的體驗。過多的琴酒可能會濃烈到令人難受；過多的通寧水則會失去琴酒的味道。它們的味道是否搭配良好，是否適合賓客的味蕾？

量身打造：每一杯雞尾酒都應符合特定賓客、在特定時刻的需求並及時供應，目標是帶給他們驚呼「哇嗚」的特殊感受，並讓他們的臉上浮現微笑，步伐變得輕快。「雞尾酒是一種會為人帶來幸福的飲品！」

適當的平衡：出色雞尾酒的結構仰賴對比的平衡 —— 濃與淡，甜與酸和／或苦，有時還包括鹹或辛香。經完美的協調，這一切的對比都能形成美好的平衡，創造出我們熟悉並喜愛的飲品。

經典雞尾酒往往需搭配使用上述元素的特定配方，而這些配方很棒的是，其中的材料都非常適合互相交換，讓我們幾乎有無窮盡的變化可能。因此，依你飲品的風味而定，你可將材料換成其他概念相似的材料 —— 例如，一般的白糖漿可換成黑糖、楓糖漿、蜂蜜、龍舌蘭糖漿，或其他風味的糖漿。

由於每種材料所含的糖和風味程度的不同，你不總是能以同樣的份量來替換，但在測量上會很接近，而且你可以品嚐，調整上也很簡單。而且由於我的咖啡會和你的不同，因為你的冰塊以及經常還有許多其他的元素都會不同，你也會需要自行調整。

許多雞尾酒酒譜是不同酒譜之間的重新排列，因此，一旦你了解了應用的結構，便可對本書及其他你最愛的飲品做出自己的扭轉變化，就

像專業人士一樣。

材料：重質不重量。你的飲品只會和你最弱的材料一樣美味，因此請盡可能使用於預算內的最佳材料。我建議使用新鮮的天然材料，而不要使用大量生產的廉價商品。例如新鮮覆盆子或天然的覆盆子泥，嚐起來的味道總是勝過任何以 5% 的覆盆子、玉米糖漿、E512＊和大量的糖製成的糖漿。同樣的原則也適用於義式濃縮咖啡，使用來源可靠的優質咖啡豆進行精準萃取的一杯飲品，絕對會比典型的連鎖咖啡店飲品來得美味。

品嚐並調整以找出平衡。可簡單地攪拌材料，然後用湯匙滴一滴在你的手背，品嚐後確認其平衡度。

最後，也最重要的是要玩得開心！雞尾酒的重點就在於讓每個人都樂在其中，包括調酒師。如果你沒有玩得開心，那一定是有什麼出錯了。

祝你好運！

＊　氯化亞錫 Stannous chloride，化學製成的鹽酸類化合物，含金屬成分，可作為抗氧化劑，目前為合法的食品添加物。

1 搖盪法 SHAKEN

以咖啡製成的搖盪雞尾酒會產生可愛、蓬鬆、輕盈的「克力瑪」，其中最著名的例子就是濃縮咖啡馬丁尼。隨著近年來全球咖啡種植的蓬勃發展，終於促使酒吧備有設備完善的咖啡機，以及使用咖啡機所需的技能。這在過去幾年帶動了咖啡雞尾酒的大幅流行，特別是因為那極其出名的濃縮咖啡馬丁尼。

調酒師的祕訣

- 在以搖盪法調製任何的雞尾酒之前，務必要先將預定用來盛裝的玻璃杯冰鎮。冰鎮時，只要在杯中添加冰塊或碎冰，並在調製雞尾酒時，將杯子擺在一旁靜置。

- 將材料倒入雪克杯的小杯中，接著加滿冰塊。請勿在加入材料之前先加冰塊。

- 永遠都要搭配冰塊一起搖盪。用力搖盪約 10 秒，直到雪克杯外面結霜。

- 將雪克杯打開，去掉或更新冰塊（如果有需要的話），或是先將水排至玻璃杯中，再過濾雞尾酒。

- 大多數的冰雞尾酒需以新鮮冰塊過濾，而非使用雪克杯裡的冰塊。

- 「裝杯」（served up）（即不加冰）雞尾酒需要雙重過濾。請使用霍桑隔冰匙，並搭配濾網去除碎冰和材料殘渣。

濃縮咖啡馬丁尼 ESPRESSO MARTINI

鼎鼎有名的濃縮咖啡馬丁尼原名為「藥用興奮劑（The Pharmaceutical Stimulant）」和「伏特加濃縮咖啡（Vodka Espresso）」，於 1980 年代由迪克・布萊德塞爾在倫敦的佛瑞德俱樂部（Fred's Club）所發明，而迪克被視為是現代最具影響力的調酒師之一。當時有一名模特兒靠近他，要求「來點讓我清醒的東西，再把我灌爆」時，迪克的回應就是組合伏特加、現煮的義式濃縮咖啡、咖啡利口酒和糖，搖製出多泡沫且令人充滿活力的苦甜混合飲品，並過濾至優雅的玻璃杯中。經過搖盪，天然的咖啡油脂會在表層形成美麗的泡沫，下方則如絲絨般滑順優雅。如同所有的雞尾酒，優質材料能打造出更美味的飲品 —— 永遠都要先沖煮新鮮的義式濃縮咖啡，讓咖啡有時間冷卻，並在冰塊撞擊雪克杯之前加入其他的材料。這是道簡單的飲品，只要用伏特加、糖、利口酒或玻璃杯來取代其他類似的產品，就能變化出獨特的飲品。只要確保在苦味、甜味和勁道之間找到完美的平衡。可惜迪克・布萊德塞爾在 2016 年逝世了。迪克是安靜、低調且自信的人物，習慣讓他的飲品替他發言。他的最佳飲品既簡單又受人歡迎，令調酒師不禁思考「為什麼我沒有想到？」，讓我們向迪克・布萊德塞爾和濃縮咖啡馬丁尼舉杯致敬！

伏特加 40 毫升／ 1 又 1/3 盎司
新鮮濃縮咖啡 30 毫升／ 1 盎司
咖啡利口酒 20 毫升／ 2/3 盎司
糖漿 10 毫升／ 1/3 盎司

裝飾
咖啡豆 3 顆

將材料加進雞尾酒雪克杯中，搭配冰塊一起搖盪，以雙重過濾法過濾至冰鎮過的馬丁尼杯或飛碟杯中。以咖啡豆裝飾。

製作糖漿：將 500 毫升／ 17 盎司的沸水加進 1 公斤／ 5 杯的黑糖（soft brown sugar）中，攪拌至黑糖溶解。放涼。加進殺菌瓶中，冷藏可達 4 個月。

咖啡：當然是使用家常濃縮咖啡，但以冷萃咖啡進行實驗亦能帶來出色成果。

利口酒：在伏特加方面，請從市面上眾多的優質品牌做選擇。我個人是坎特 1 號（Ketel 1）的超級大粉絲 —— 它非常順口，但又具有全麥風味，和其他的材料勢均力敵，而且和濃縮咖啡真的很搭。

牛乳與餅乾 MILK & COOKIES

這牛乳與餅乾的經典組合是我鍾愛的童年回憶。我添加了咖啡和利口酒，以成人的方式加以詮釋。理想上，可以直接用你預備盛裝的瓶子進行搖盪，或是用無冰塊的雞尾酒雪克杯來調製亦會有出色效果。

威士忌 45 毫升／1 又 1/2 盎司
冷萃咖啡 30 毫升／1 盎司
金黃糖漿 15 毫升／1/2 盎司
乳品 90 毫升／3 盎司（牛乳或是
　堅果奶都會有出色的效果）

搭配
餅乾（非必要）

將材料加進冰鎮過的 300 毫升／10 盎司的瓶中並搖盪。如果你喜歡的話，可在一旁擺上 2 片餅乾作為搭配。

☕ **咖啡**：雙份的家常濃縮咖啡（double shot of house espresso）或冷萃咖啡便有出色效果。我喜歡在搖盪其他材料後再加入，看著它從牛乳中如瀑布般流下。若要取得更多泡沫，可再搖盪第二次。

🍾 **利口酒**：我讓這道超簡單的酒譜保持開放，讓你可以加入任何你偏好的威士忌，不論是蘇格蘭調和威士忌、單一麥芽、調和麥芽、愛爾蘭、加拿大或美國。這是道多變化的飲品，可以無限制地做各種詮釋。見鬼了，蘭姆酒、龍舌蘭或白蘭地在這道飲品中都可能會很美味！

一次打十個 BIG BREW

這道酒譜是為了能夠輕鬆調酒所設計，當你必須製作許多濃縮咖啡馬丁尼式的飲品時，讓你不至於因為太忙而受困在廚房，無法和別人社交。你只需要提前準備一個可提供 10 人份飲料的瓶子，然後冷藏起來。當你的賓客來到，將瓶子從冰箱中取出，搖勻後就可以上酒了。

10 人份
伏特加 450 毫升／ 15 盎司
新鮮冷萃咖啡 300 毫升／ 10 盎司
咖啡利口酒 150 毫升／ 5 盎司
糖漿 85 毫升／ 2 又 3/4 盎司（做
　法見 55 頁）
安哥斯圖娜苦精（Angostura
　Bitters）10 抖振（非必要）

裝飾
咖啡豆
為每杯調酒撒上少許肉豆蔻粉（非
　必要）

將材料加進 10 人份的 1 公升／ 33 盎司的瓶中。在準備好要上調酒時，用裝有冰塊的雪克杯為每人搖出 100 毫升／ 3 又 1/4 盎司的份量，或是亦可充分搖盪瓶子，接著直接倒入裝有冰塊的玻璃杯中。可使用咖啡豆和肉豆蔻粉進行裝飾。

咖啡：我偏好醇厚的冷萃咖啡，例如瓜地馬拉或哥倫比亞中度烘焙。

利口酒：在伏特加方面，請選擇你最愛的品牌。選擇性添加的苦精可增添少許的複雜度，並有助平衡甜味，但並非不可或缺。

咖啡與古巴人　COFFEE & A CUBAN

如果你喜歡咖啡、蘭姆酒、雪茄和巧克力的程度有我的一半，那麼這道雞尾酒就是為你而設計的。這是如此簡單的配方，但效果很好而且就是這麼合理。在拜訪古巴時，我數不清我有多少次沉迷於義式濃縮咖啡和蘭姆酒，以及精緻的古巴雪茄當中。這最終鼓舞了我將這三種元素更緊密結合，並用微量的糖讓口感更為圓潤，一旁再搭配少量加鹽的黑巧克力。這應該被列入每位父親的父親節清單。

陳年古巴蘭姆酒 45 毫升／1 又
　　1/2 盎司
義式濃縮咖啡 30 毫升／1 盎司
黑糖糖漿 7.5 毫升／1/4 盎司（做
　　法見 55 頁）

裝飾
肉豆蔻粉

搭配
黑巧克力（可可固質 70%）
海鹽
雪茄（非必要）

將材料加進雞尾酒雪克杯，搭配冰塊搖盪，用雙重過濾法過濾至無冰塊的冰鎮威士忌杯中。裝飾，並搭配撒上海鹽的黑巧克力，如果想要的話，還可再加上你精選的雪茄。

☕ **咖啡**：優質的義式濃縮咖啡是很好的搭配，但亦可使用如瓜地馬拉、哥倫比亞或古巴等醇厚的冷萃咖啡。

🍾 **利口酒**：選擇經適度陳釀的優質古巴式蘭姆酒。我使用的是瑪杜莎珍藏（Matusalem Reserve）和索雷拉 15（Solera 15），但百家得 8 年（Bacardi 8）和哈瓦那 7 年（Havana 7）亦有出色效果。

超級司陶特 SUPER STOUT

你可以將這想成是愛爾蘭最優質的半品脫啤酒！這實際上是我異常的腦袋對愛爾蘭咖啡重新想像的成果。我是冰涼的健力士黑啤酒（Guinness）的超級大粉絲，而在這殺手級的酒譜中，我將它與咖啡及威士忌結合，轉變為超級司陶特。這極有可能冒犯許多健力士的純粹主義者，但從其美味的結果來看，這是值得的。用健力士來取代鮮奶油的使用，以保留絲絨般的質地。

愛爾蘭威士忌 35 毫升／1 又 1/4
　　盎司
稀釋至一半濃度的無花榛果冷萃咖
　　啡 90 毫升／3 盎司（見 191 頁）
糖漿 15 毫升／1/2 盎司（做法見
　　55 頁）
健力士的愛爾蘭司陶特啤酒
　　（Guinness Irish stout）90 毫
　　升／3 盎司

裝飾
撒上微量的肉豆蔻粉

將威士忌、咖啡和糖漿加進雞尾酒雪克杯中，搭配冰塊一起搖盪，過濾至冰鎮過的健力士半品脫酒杯。從高處倒入並補滿司陶特啤酒，以激盪出克力瑪並形成泡沫質地。撒上刨碎的肉豆蔻作為裝飾。

🫘 **咖啡**：帶有巧克力味的中深烘焙哥倫比亞、瓜地馬拉或巴西咖啡，和威士忌與司陶特都很搭。需稀釋至一半濃度才有空間釋出香氣，但也會失去高濃度冷萃咖啡的勁道。在此，一般的冷萃咖啡效果就很好，但使用 191 頁的無花榛果酒譜可將這道飲品提升至全新的境界。

🍶 **利口酒**：選擇酒體飽滿的愛爾蘭威士忌，如愛爾蘭之最（Tullamore Dew）、Roe & Co、Jameson Black Barrel 或 Jameson Bold 等，都能和咖啡及司陶特相抗衡。

法式濾壓馬丁尼 FRENCH PRESS MARTINI

義式濃縮咖啡的超簡單變化，我首次創造這杯雞尾酒是早在 2008 年紐西蘭皇后鎮的一場家庭派對上，以作為音樂會的開場。房間裡滿是口渴的朋友們，我決定迅速為所有人調製咖啡雞尾酒，提前為大家補充晚上的活力。在手邊沒有義式咖啡機或咖啡利口酒的情況下，我臨時沖泡了一批加了香料的法式濾壓咖啡。我只是在標準的咖啡和水的調飲中拌入了可可粉、中式五香粉和細砂糖。在大型的醃製用玻璃罐（經消毒）中將這混合物的 60 毫升／2 盎司與 45 毫升／1 又 1/2 盎司的伏特加結合，我就能快速調出足夠的飲品，讓大家準備好提前狂歡。

20 人份
粗咖啡粉 64 克／2 又 1/3 盎司
細砂糖 150 克／3/4 杯
可可粉 1/2 小匙
中式五香粉或肉桂 1/4 小匙
沸水 900 毫升／30 盎司
伏特加 1 公升／33 盎司

裝飾
中式五香粉

在法式濾壓壺中混合伏特加和中式五香粉以外的所有材料，靜置 4 分鐘。攪拌，接著將壓桿下壓，倒入新的壺或瓶中以中止過度浸泡。

將上述混合物取 60 毫升／2 盎司的量和 45 毫升／1 又 1/2 盎司的伏特加加進雞尾酒雪克杯中，加滿冰塊，用力搖盪。過濾至冰鎮過的香檳酒杯、馬丁尼杯或類似的杯中。以 1 抖振的中式五香粉裝飾。

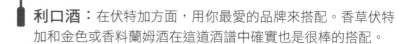

咖啡：這道酒譜只需你家櫥櫃備有的任一種粗細的咖啡粉。

利口酒：在伏特加方面，用你最愛的品牌來搭配。香草伏特加和金色或香料蘭姆酒在這道酒譜中確實也是很棒的搭配。

義大利的祕密 THE ITALIAN SECRET

這道雞尾酒的靈感來自義大利南部的傳統，即在濃烈的義式烘焙咖啡中添加檸檬片來緩和其味道，並襯托出它的苦味 —— 一種在義大利之外只有少數人可以理解的味道。在此，我添加了另一種祕密材料 —— 一點利口酒，當你用咖啡玻璃杯低調地啜飲時，誰都不會察覺到。

渣釀白蘭地（grappa）15 毫升／
　1/2 盎司
榛果利口酒 15 毫升／ 1/2 盎司
亞維納助消化酒（Averna
　Digestivo）15 毫升／ 1/2 盎司
摩卡壺咖啡（mocha pot coffee）
　60 毫升／ 2 盎司

搭配
扭轉檸檬皮（Lemon twist）

將材料放進調酒雪克杯中，搭配冰塊用力搖盪，再用雙重過濾法過濾至小咖啡杯中。以扭轉檸檬皮裝飾，若你喜歡的話，可再搭配義式脆餅（biscotti）和烘焙榛果享用。

🫘 **咖啡**：經典的直火式摩卡壺很適合這道飲品，但濃烈的義式濃縮咖啡亦有出色效果。

🍾 **利口酒**：在渣釀白蘭地方面，我喜歡陳年並帶有堅果味的，例如 Cocchi Grappa Dorée。至於榛果利口酒，富蘭戈利榛果酒（Frangelico）的效果出色，但我的最愛是來自義大利東北部的 Nocello 核桃利口酒。

令人難忘的無花果 UN-FIG-EDIBLE

享受咖啡、西班牙白蘭地和一些來自西班牙赫雷斯（Jerez）的精緻「佩德羅希梅內斯香艾酒」（Pedro Ximénez vermouth）齊聚一堂的美味。以濃郁的無花果果醬來加強風味，並以愛情女神苦精（Aphrodite Bitters）來增色，後者提供了咖啡、可可、薑、辣椒、多香果（allspice）等香氣，打造出高度複雜的冷萃咖啡馬丁尼，這將是令你永生難忘的「無花果」（you won't ever fig-et.）。

西班牙白蘭地 40 毫升／1 又 1/3
　盎司
盧世濤・佩德羅希梅內斯甜味香
　艾酒（Lustau Pedro Ximénez
　sherry sweet vermouth）20 毫
　升／2/3 盎司
冷萃咖啡 40 毫升／1 又 1/3 盎司
無花果醬 1 小匙
亞當博士的愛情女神苦精 3 抖振

裝飾
半顆新鮮冬季無花果

將材料加進雞尾酒雪克杯中，搭配冰塊搖盪，接著以雙重過濾法過濾至冰鎮的馬丁尼杯中。以半顆新鮮的冬季無花果裝飾。

🫘 **咖啡：**在這道飲品中，我使用烘焙度較淺的衣索比亞阿拉比卡咖啡，以 6：1 的比例沖煮（見 40 至 43 頁），展現出明亮的酸度和堅果味。

🍾 **利口酒：**多利士 10 年（Torres 10-year）西班牙白蘭地的果味，和堅果味與雪莉香艾酒（sherry vermouth）是格外出色的搭配，在香料苦精濃烈的平衡中風味更顯濃郁。

J 之甜菜　BEETS BY J

有點令人出乎意料的是，甜菜和咖啡往往是天作之合——事實上，甜菜拿鐵有時會出現在創意咖啡館的菜單上。這道飲品由酸酒酒譜變化而來，以威士忌為主導，咖啡只是低調地從旁襯托。

蘇格蘭調和威士忌 45 毫升／1 又
　　1/2 盎司
蘇格蘭金盃蜂蜜香甜酒
　　（Drambuie）15 毫升／1/2 盎司
冷萃咖啡 15 毫升／1/2 盎司
甜菜根汁 30 毫升／1 盎司
檸檬汁 15 毫升／1/2 盎司
蛋白 15 毫升／1/2 盎司
洛神花糖漿（hibiscus syrup）7.5
　　毫升／1/4 盎司
苦精真諦的克里奧爾苦精（The
　　Bitter Truth Creole Bitters）少許

裝飾
覆盆子
乾燥覆盆子粉

將材料加進雞尾酒雪克杯中，搭配冰塊搖盪，接著以雙重過濾法過濾至冰鎮的香檳杯中。以覆盆子和覆盆子粉裝飾。

☕ **咖啡：** 在這道飲品中，咖啡是其他濃郁風味的配角。我選擇的是烘焙度較淺，帶有明亮酸度和堅果味的咖啡。

🍶 **利口酒：** 中等酒體的優質蘇格蘭調和威士忌，例如約翰走路金牌（Johnnie Walker Gold Label）、起瓦士 12 年（Chivas 12）或帝王 8 年（Dewar's 8），最適合這道雞尾酒。

金色絲絨 GOLDEN VELVET

確實如同在舌尖上跳舞的金黃色液體，這奢華的餐後縱情飲品非常適合端上桌讓朋友驚豔。咖啡的份量很少，因此是不會讓你保持清醒的深夜好選擇。

鹹焦糖伏特加（salted caramel vodka）37.5 毫升／ 1 又 1/4 盎司

西班牙 Licor 43 利口酒 15 毫升／ 1/2 盎司

香蕉利口酒（banana liqueur）7.5 毫升／ 1/4 盎司

半對半鮮奶油（half & half，見 204 頁）30 毫升／ 1 盎司

冷萃咖啡 15 毫升／ 1/2 盎司

咖啡苦精（見 192 頁）少許

金粉少量

裝飾

用西班牙 Licor 43 利口酒噴灑玻璃杯，接著塗上金粉、金箔和跳跳糖的混料。

準備杯子：將香檳杯（flute glass）冰鎮，並塗上金粉（見左方說明）。

調製雞尾酒：將材料加進雞尾酒雪克杯中，搭配冰塊用力搖盪，並以雙重過濾法將雞尾酒過濾至玻璃杯中。用更多的金箔裝飾。

咖啡：為了搭配這道飲品絲絨般滑順的質地，你需要苦味較淡的淡咖啡。我使用的是具堅果味的印尼單品冷萃咖啡。

利口酒：我使用的是蘇托力的鹹焦糖伏特加（Stolichnaya Salted Caramel vodka）。如果無法取得，那麼任何的香草伏特加都是很好的替代品。Licor 43 是來自西班牙的美味香料香草柳橙利口酒。

咖啡櫻桃 COFFEE CHERRY

這道飲品的靈感來自蘊藏咖啡籽的鮮紅色成熟咖啡櫻桃。將卡沙夏（Cachaça）原始的爽口感與覆盆子和檸檬搭配，並在咖啡中添加咖啡冰，冰塊在飲品中緩緩溶化，釋放出有如漣漪效應般的風味。咖啡果皮（Cascara）是咖啡櫻桃乾燥的果皮，通常會丟棄，在此酒譜中，將其搭配上糖漿中的蜂花粉（bee pollen）能帶來溫暖、有如蜂蜜羅望子*般的複雜風味。

大咖啡冰球（見 188 頁）
卡沙夏 45 毫升／1 又 1/2 盎司
希琳櫻桃香甜酒（Cherry Heering liqueur）10 毫升／1/3 盎司
檸檬汁 30 毫升／1 盎司
覆盆子泥 30 毫升／1 盎司
咖啡果皮與蜂花粉糖漿（見下方）15 毫升／1/2 盎司
蛋白（非必要）15 毫升／1/2 盎司
裴喬氏芳香苦精（Peychaud's Bitters）少許

裝飾
金箔
蜂花粉

咖啡果皮與蜂花粉糖漿
蜂花粉 20 克／3/4 盎司
礦泉水 500 毫升／17 盎司
白糖 500 克／2 又 1/2 盎司
咖啡果皮／乾燥的咖啡櫻桃 50 克／1 又 3/4 盎司
檸檬酸 0.5 克

製作咖啡果皮與蜂花粉糖漿：用大型的長柄平底深鍋（saucepan）烘烤蜂花粉，加入剩餘材料，煮沸。攪拌至糖和蜂花粉溶解。離火，放涼，接著以濾器過濾。裝瓶，冷藏保存可達四週。

調製雞尾酒：將冰球放入無腳酒杯。將剩餘材料放入雞尾酒雪克杯中，接著搭配冰塊搖盪，並過濾至杯中。以金箔和蜂花粉裝飾。

🫘 **咖啡：**咖啡是其他風味的配角，因此任何濃烈的冷萃咖啡都會有不錯的效果。我往往會將或許有點變老†的冷萃咖啡冷凍成冰塊保存，就是為了在這種時候飲用。

🍾 **利口酒：**用你選擇的卡沙夏來搭配這經典的櫻桃香甜酒。

---

* 羅望子，又稱酸豆，原產於非洲，其果肉酸酸甜甜的滋味，在亞洲和拉丁美洲經常作為調味料使用，亦常搭配蜂蜜作為肉類料理的醬汁或製成糖果。
† 指咖啡豆陳放的時間較久，已漸漸失去水分和香氣。

雄鹿之爭 CLASH OF STAGS

這道雞尾酒的靈感，來自我想為濃縮咖啡馬丁尼打造另一種陽剛的詮釋，獻給渴求咖啡和利口酒之間更猛烈撞擊的人，並以更厚實的玻璃杯盛裝。它結合了兩種不相似的液體性格，而兩者在商標上都使用了強壯的公鹿。一想到公鹿，我的腦海中立即浮現在樹林中打獵，接著在營火旁啜飲雞尾酒的景象。用格蘭菲迪威士忌（Glenfiddich）強烈的麥芽風味來取代伏特加，並用野格利口酒（Jägermeister）的苦甜香料味來取代咖啡利口酒，再用一大份濃烈的冷萃咖啡來取代義式濃縮咖啡，形成令人精力充沛的風味。最後倒入裝有可樂的冰鎮古典杯（rocks glass）時，它會形成稠厚的泡沫和芳香的氣泡，並從鋪滿粉末的表面冒出。

可樂 15 毫升／ 1/2 盎司
格蘭菲迪 12 年威士忌 35 毫升／ 1
　又 1/4 盎司
野格利口酒 22.5 毫升／ 3/4 盎司
塔林利口酒（Vana Tallinn
　liqueur）7.5 毫升／ 1/4 盎司
冷萃咖啡 45 毫升／ 1 又 1/2 盎司
八角 1 顆
丁香 3 顆
柳橙皮 1 片（4 公分／ 1 又 1/2 英
　寸）

裝飾
肉桂可可粉
八角 1 顆

將可樂加進冰鎮的古典杯。將剩餘材料加進雞尾酒雪克杯，填滿冰塊，充分搖盪。過濾至裝有可樂的玻璃杯中。以肉桂可可粉和八角裝飾。

☕ **咖啡：**這道飲品因含有其他強大的風味，在咖啡的選擇上相當多元，因此請儘管用你手邊任何濃烈的冷萃咖啡試試看。

🍾 **利口酒：**野格利口酒和麥芽威士忌與冷萃咖啡的搭配非常美妙。塔林利口酒來自愛沙尼亞，是以令人愉悅的柑橘、香草、肉桂和蘭姆酒為基底所製成的利口酒，對這道酒譜而言並非必要，但和其他材料的搭配確實很出色。如果無法取得，可以君度橙酒代替。

禁果 FORBIDDEN FRUIT

這道具水果味的飲品是我對加拿大調酒師那納・科柏東（Nanna Coppertone）在世界級 UAE（阿拉伯聯合大公國）挑戰賽中所設計的飲品的另一詮釋。那納察覺咖啡中帶有微妙的酸，並用其與青蘋果的酸搭配，這樣的設計著實令我印象深刻。這和所選的龍舌蘭的濃郁風味組合起來效果出乎意料地好，結果形成超級清爽的飲品，口感清新，而這往往是咖啡雞尾酒所做不到的。

唐胡立歐龍舌蘭（Don Julio
　　Blanco tequila）45 毫升／1 又
　　1/2 盎司
卡爾瓦多斯蘋果白蘭地
　　（Calvados apple brandy）15
　　毫升／1/2 盎司
家常濃縮咖啡 30 毫升／1 盎司
青蘋果葡萄灌木雞尾酒*（green
　　apple and raisin shrub）15 毫
　　升／1/2 盎司（見下方）

裝飾
蘋果酸、蜂蜜和跳跳糖
將史密斯奶奶青蘋果（Granny
　　Smith apple）切片撒上黑糖和
　　少量肉桂粉，並以噴槍烤成焦糖
　　蘋果片

青蘋果葡萄灌木雞尾酒
現榨史密斯奶奶青蘋果汁 400 毫
　　升／13 又 1/2 盎司
聖多美（Sun-Maid，品牌名）葡
　　萄乾 80 克／2 又 3/4 盎司
蘋果醋 30 毫升／1 盎司
萊姆汁 15 毫升／1/2 盎司
精白砂糖（caster/superfine
　　sugar）200 克／1 杯

製作青蘋果葡萄灌木雞尾酒：在殺菌罐中混合材料。以搗棒搗碎葡萄乾，接著攪拌、密封，靜置至糖溶解。以超級濾袋（見 42 頁）過濾至瓶中，冷藏保存可達四週。

準備有腳玻璃杯（stemmed glass）：在玻璃杯邊緣塗上蘋果酸、蜂蜜和跳跳糖，並為杯子裝滿碎冰。

調製雞尾酒：將材料加進雞尾酒雪克杯中，搭配冰塊搖盪，並以雙重過濾法過濾至冰鎮的有腳玻璃杯中。以準備好的蘋果片裝飾。

咖啡：你最愛的家常濃縮咖啡。

利口酒：為了忠於調酒師那納的原味，我使用的是唐胡立歐龍舌蘭。它具有充滿活力且清爽的蘋果鮮味，和灌木雞尾酒與咖啡搭配都極為出色。

---

* 灌木雞尾酒，指以食用醋和水果調製而成的醋味雞尾酒。

邦妮威蛋蜜酒 A BONNIE WEE FLIP

這份飲品是我對聖誕蛋酒的詮釋。斯佩塞威士忌（Speyside whisky）和聖誕餡餅的混搭產生了如此令人驚豔的風味組合，而 PX 雪莉酒以其濃郁的香料味連結所有的材料並增添了甜度。我總是使用放養的有機雞蛋，在打蛋前才仔細清洗。務必要將蛋徹底打散，讓蛋白和蛋黃均勻分布。不熟悉英國聖誕肉餡派（English Christmas mince pies）的人或許不知道的是，這種餡餅並不含有絞肉，其名稱指的是燉煮過的水果碎果肉和香料，包括葡萄、柳橙皮、肉桂和丁香。

聖誕肉餡派風味威士忌（見下方）
　　45 毫升／1 又 1/2 盎司
冷萃咖啡 30 毫升／1 盎司
佩德羅希梅內斯雪莉酒（Pedro
　　Ximenez sherry）15 毫升／1/2
　　盎司
打散的蛋白和蛋黃 30 毫升／1 盎司
金獅金黃糖漿（Lyle's Golden
　　Syrup）7.5 毫升／1/4 盎司

裝飾
烘焙碎杏仁
肉桂粉

聖誕肉餡派風味威士忌
斯佩賽單一麥芽蘇格蘭威士忌 700
　　毫升／23 又 1/2 盎司
聖誕肉餡派餡料 200 克／6 又 3/4
　　盎司

製作聖誕肉餡派風味威士忌：將肉餡派餡料加進威士忌中，拌勻後開始浸泡。真空密封，並以 55℃ /130 ℉真空低溫烹調（見 205 頁）1 小時。將餡料取出，放涼，接著用超級濾袋（見 42 頁）過濾至瓶中。過濾出的殘留物可用來製作酒漬聖誕肉餡派。

調製雞尾酒：將材料加進雞尾酒雪克杯，搭配冰塊搖盪，用雙重過濾法過濾至冰鎮的格蘭凱恩威士忌杯（Glencairn glass）中。以碎杏仁和肉桂粉裝飾。

咖啡：帶有果乾味且醇厚度中等的冷萃咖啡是最佳搭配。

利口酒：我喜歡使用風味醇厚的斯佩賽單一麥芽蘇格蘭威士忌，例如格蘭菲迪（Glenfiddich）12 年或蘇格登達芙鎮（Singleton of Dufftown）12 年。

奶蓋之王 CRÈMA DE LA CRÈME

這就是鼓舞我撰寫本書的飲品之一。它是如此美味和美觀，我認為它必須要和我許多其他的咖啡雞尾酒一起向全世界分享，希望能激勵其他人在自己的雞尾酒設計上更能發揮創意。絲絨般滑順、濃稠且強而有力的組合，將蘭姆酒和黑莓搭配瓜地馬拉咖啡、烤奇亞籽、苦精和可可等混料。

薩凱帕 23 蘭姆酒（Ron Zacapa 23 rum）45 毫升／1 又 1/2 盎司
棕可可香甜酒（Dark Crème de Cacao）10 毫升／1/3 盎司
冷萃咖啡 35 毫升／1 又 1/4 盎司
烤奇亞籽黑莓糖漿（見下方）20 毫升／2/3 盎司
巧克力苦精少許
芳香苦精（aromatic bitters）少許

裝飾
黑莓
黑巧克力碎片
可食用金箔
綜合香料粉（見下方）

烤奇亞籽黑莓糖漿
奇亞籽 50 克／1 又 3/4 盎司
白糖 250 克／1 又 1/4 盎司
綜合黑莓 400 克／14 盎司（約 2 小盒）

綜合香料粉
香草粉 1 份
肉桂粉 1 份
薑粉 1/4 份
肉豆蔻粉 1/4 份

製作烤奇亞籽黑莓糖漿：將奇亞籽壓碎，以熱鍋稍微烘烤。加入白糖和 250 毫升／8 又 1/2 盎司的水，煮沸。加入綜合黑莓並攪拌。煮沸，接著以小火慢燉 12 分鐘。仔細過濾，放涼，接著加進殺菌的玻璃瓶，冷藏可達三週。

製作綜合香料粉：混合材料並拌勻。

調製雞尾酒：將一大塊冰塊放入古典杯中。將所有材料加進雞尾酒雪克杯，加滿冰塊，接著用力搖盪，以雙重過濾法過濾至玻璃杯中。裝飾。

咖啡：醇厚且具濃郁巧克力味的冷萃咖啡在這裡的效果最好。我使用的瓜地馬拉阿拉比卡是完美搭配，而且和我偏好的蘭姆酒有連結。

利口酒：薩凱帕 23 是這場表演的明星，它從歷經的索雷拉*陳釀程序中獲得了具深度、豐富且複雜的風味。

---

* Solera，西班牙文的意思為「在地上」，指將不同年份的酒以層層堆疊的木桶逐步混合的陳釀法。

花生醬愛爾蘭咖啡 PEANUT BUTTER IRISH

製作精良的愛爾蘭咖啡是我最愛的雞尾酒之一，但前提是在適當的時間並於適當的地點飲用。令人遺憾的是，當你居住在杜拜這樣灼熱的地方時，這樣的時機並不是太常出現，這就是為何我打造了一個冰鎮的版本，讓人可以在炎熱的氣候下享用這道飲品。為了更進一步提升這道飲品的層次，我先用花生醬來浸洗愛爾蘭威士忌，為這道飲品增添濃郁的堅果乳脂。

花生醬浸洗愛爾蘭威士忌（見下
　方）60 毫升／2 盎司
冷萃咖啡 90 毫升／3 盎司
2：1 的黑糖糖漿（soft brown
　sugar，見 55 頁）15 毫升／1/2
　盎司
貝禮詩奶油（Baileys cream，見
　下方）90 毫升／3 盎司

裝飾
輕輕撒上少量肉桂粉
咖啡豆

花生醬浸洗愛爾蘭威士忌
天然無鹽 100% 花生醬 150 克／5
　又 1/3 盎司
愛爾蘭威士忌 1 公升／33 盎司

貝禮詩奶油（製作 4 人份）
貝禮詩奶酒 60 毫升／2 盎司
鮮奶油 310 毫升／10 又 1/2 盎司

在大的真空袋中混合花生醬和威士忌並密封。以 55℃／130 ℉，真空烹調 3 小時。放涼後將袋子打開，用細孔濾器過濾至大的罐子中並加以冷凍。靜置至油脂結凍，接著以細棉布過濾，以去除剩餘的油脂，接著裝瓶並貼上標籤。少許的油脂無傷大雅，因為它將會融入飲品中的奶油，但如果你發現油脂過多，你可以再度過濾，再度冷凍，接著再用咖啡濾紙過濾。

製作貝禮詩奶油：將貝禮詩奶酒加入鮮奶油中，搖盪後冷藏至使用的時刻。

調製雞尾酒：將貝禮詩奶油以外的材料加入雞尾酒雪克杯，搖盪並過濾至冰鎮的古典杯中。讓貝禮詩奶油漂浮在表面。裝飾。

🫘 **咖啡：**帶有巧克力味的哥倫比亞、瓜地馬拉或巴西咖啡都和威士忌很搭。可使用如 7：1（見 40 至 43 頁）的較低比例沖煮咖啡，或是簡單使用 60 毫升／2 盎司的高濃度咖啡，再加入 30 毫升／1 盎司的水稀釋。

🍾 **利口酒：**選擇你最愛的入門款愛爾蘭威士忌。

咖啡因嘉年華 CAFFEINE CARNIVAL

製作和享受雞尾酒的重點就在於樂在其中，因此有時你必須拋開傳統的規則，玩得開心就好！這道異想天開之作是為了讓你重返童年時光，而且你除了喝它，還要吃它。這道飲品裝在肉桂可頌甜甜圈甜筒（cinnamon cronut cone）中，而甜筒還內含黑巧克力糖衣。黑巧克力糖衣一直延伸至邊緣，接著再沾上裝飾糖片。再填滿香草伏特加和貝禮詩奶酒、義式濃縮咖啡和牛乳調和而成的放縱成人特調雞尾酒，這簡直令人難以抗拒！

肉桂可頌甜甜圈甜筒
融化的黑巧克力
裝飾糖片（Candy sprinkles）
香草伏特加 45 毫升／1 又 1/2 盎司
貝禮詩奶酒 15 毫升／1/2 盎司
義式濃縮咖啡 30 毫升／1 盎司
全脂牛乳 80 毫升／2 又 3/4 盎司

裝飾
刨碎的香草莢（Grated vanilla
　　bean）

製作甜甜圈甜筒：倒入融化的黑巧克力，放涼，讓巧克力在甜筒內部周圍形成不透水的密封層，並用邊緣沾取裝飾糖片。

調製雞尾酒：將剩餘材料放入雞尾酒雪克杯中，搖盪並將飲品材料過濾至甜筒中。以香草莢裝飾。

🥄 **咖啡：**標準的濃縮咖啡或冷萃咖啡都很適合這道雞尾酒，儘管濃縮咖啡的苦味確實有助於平衡甜筒的糖分。

🍾 **利口酒：**任何的香草伏特加都會奏效。

祕魯酸酒 PERUVIAN SOUR

原本以為咖啡和檸檬應該會互相衝突，但事實上如果經過適當的平衡，咖啡的酸和檸檬會是宜人的搭配。這道酒譜的靈感汲取自祕魯辛勤工作的咖啡農，在祕魯的國民飲品 —— 經典的皮斯可酸酒（Pisco Sour）中，加入咖啡和紫玉米汁（Chicha Morada）。紫玉米汁是傳統的祕魯飲料，以煮沸的紫玉米和鳳梨、肉桂、丁香及糖所製成。

皮斯可酒 60 毫升／ 2 盎司
紫玉米咖啡糖漿（見下方）22.5
　毫升／ 3/4 盎司
新鮮檸檬汁 30 毫升／ 1 盎司
蛋白或素食版本的罐頭鷹嘴豆水
　20 毫升／ 2/3 盎司

裝飾
咖啡香草苦精霧

紫玉米咖啡糖漿
祕魯 Chemex 沖煮咖啡 1 公升／
　33 盎司
水 1 公升／ 33 盎司
乾燥紫玉米 500 克／ 17 盎司
2 顆成熟鳳梨的鳳梨皮和鳳梨心
肉桂棒 4 根
丁香 1/2 小匙
切丁的史密斯奶奶青蘋果 1 顆
砂糖 200 克／ 1 杯

製作紫玉米咖啡糖漿：將材料倒入長柄平底深鍋，煮 45 分鐘至微滾，過濾至殺菌的瓶中。冷藏可達兩週。

調製雞尾酒：將材料加進雞尾酒雪克杯，填滿冰塊，接著搖盪，並用雙重過濾法過濾至冰鎮的玻璃杯。噴撒上一層咖啡香草苦精霧裝飾。

咖啡：對如此愛國的材料組合來說，在此使用祕魯咖啡似乎就是這麼理所當然。

利口酒：理想上最好使用以卡班圖（Quebranta）葡萄為基底的祕魯皮斯可酒，例如加勒維多（Caravedo），因為它的泥土味、果乾味和微苦的丁香風味和咖啡都很搭，而不要使用以麝香葡萄為基底的皮斯可酒，因為花香往往過重，搭配咖啡時效果並不是特別好。

提拉米蘇義式冰淇淋 TIRAMISU GELATO

這道經典的義式甜點是咖啡和利口酒巧妙搭配的絕佳範例，而且自 1980 年代以來便一直是調酒師最愛重新構思的調飲。義式濃縮咖啡、貝禮詩奶酒、咖啡利口酒和白蘭地的簡單組合，搖勻並過濾至馬丁尼杯，再撒上可可粉，這基本上是改良版的白蘭地亞歷山大（Brandy Alexander），而且很適合在晚餐後飲用，絕對可以讓你的賓客留下深刻印象。我的版本採用同樣的概念，只是多了幾個步驟。

VS 干邑白蘭地 40 毫升／ 1 又 1/3
　盎司
冷萃咖啡 30 毫升／ 1 盎司
貝禮詩奶酒 15 毫升／ 1/2 盎司
咖啡利口酒 7.5 毫升／ 1/4 盎司
可可苦精（cacao bitters）3 抖振
提拉米蘇冰淇淋 1 勺（見 197 頁）

杯子裝飾
可可香甜酒
可可粉

準備杯子
在大的飛碟杯（coupette）外灑上
　可可香甜酒，再撒上可可粉。

搭配
手指餅乾（非必要）

調製雞尾酒：將 1 勺的提拉米蘇冰淇淋加進大的飛碟杯中。將剩餘材料放入雞尾酒雪克杯中，加滿冰塊，接著搖盪並以雙重過濾法過濾至玻璃杯中。如果你喜歡的話，可搭配手指餅乾侍酒，並擺上一根湯匙。

☕ **咖啡：**具濃郁巧克力味的濃縮咖啡很適合這道飲品。

🍾 **利口酒：**任何 VS 干邑白蘭地或品質良好的白蘭地都很適合搭配貝禮詩奶酒、苦精和咖啡。

2 熱調法 HOT

咖啡原本就很適合熱飲，那為何沒有比經典的愛爾蘭或貝禮詩奶酒咖啡更溫暖的雞尾酒可以享用呢？熱調雞尾酒就是這麼不受到重視。製作良好時，它們就是美好的代名詞，有助提升心情，並讓你由內而外暖起來。其溫度可增強風味和香氣，提供更強烈的品飲體驗。但恰到好處地掌控溫度非常重要 —— 過度加熱會將材料煮過頭、燙傷嘴唇，並摧毀口感；加熱不足則會讓人很難對這雞尾酒留下印象，讓風味和香氣變得平淡，並在飲品摩擦你扁桃腺時喪失那迷人的溫暖感受。

調酒師的祕訣

- 在你準備飲品時，永遠都請記得要用熱水預熱你的容器。
- 除了只是加熱水以外，可多多探索加熱飲品的創意方法 —— 例如用瓦斯爐、熱鐵棒、奶泡管，或以點火的方式加熱鍋子。
- **重要安全須知**：在液體表面點火時請負起責任！請先練習用冷水拋接。剛開始先將兩個咖啡壺置於肩膀的高度，在倒水時，將下壺放低，以形成液體的連續流動。熟練後再以沸水嘗試。準備好要點火時，請在酒吧裡的空曠區域進行，以免被其他人員撞到，而且萬一燃燒的液體灑出，不會有重要的東西著火。請確保咖啡壺不會太冷，而且你不會從任何的壺中倒出所有液體，因為這可能會起火，而必須提早撲滅。請注意，強大的氣流或空調也可能造成問題。請在手邊備妥濕潤的茶巾／餐巾，可用來撲滅任何的火焰或是用來冷卻燒傷的手。

愛爾蘭咖啡 IRISH COFFEE

人們相信愛爾蘭咖啡是在 1952 年由舊金山的 Buena Vista Cafe 酒吧引進美國。旅遊作家斯坦頓 · 德拉普蘭（Stanton Delaplane）據說在過境愛爾蘭的香農（Shannon）機場時嚐到了這道飲品。回到美國後，他和 Buena Vista Cafe 酒吧合力將這道飲品重現。他們費盡心思想讓鮮奶油整齊地浮在表面，而他們很快理解到加糖是關鍵。斯坦頓經常在他的旅遊專欄上提及，協助推廣這道飲品。Buena Vista Cafe 團隊如今已研發出較獨特的方式，可以協助他們每日供應如此多的愛爾蘭咖啡給蜂擁而至的熱情遊客，並聲稱自開始供應這道飲品以來，他們已供應超過三千萬杯的愛爾蘭咖啡！在其他地方，愛爾蘭咖啡則幾十年來都處於相當不引人注目的位置，但紐約的死兔幫（The Dead Rabbit Grog and Grocery）酒吧協助將它拉回聚光燈前，用他們精準的技術和自己定製的酒杯，創造出許多人聲稱很可能是全世界最美味的愛爾蘭咖啡！

方糖 1 顆或白糖 1 小匙
愛爾蘭威士忌 45 毫升／1 又 1/2 盎司
熱濃縮咖啡──美式（Americano）／
　長黑咖啡（long black）150 毫升／
　5 盎司
脂肪含量 40% 以上的鮮奶油（double/
　heavy cream）75 毫升／2 又 1/2
　盎司

裝飾
刨碎的肉豆蔻（許多人在供應這道飲
　品時不會加肉豆蔻，但我個人偏好
　加肉豆蔻，因為可以增添少許的複
　雜度和香氣）

預熱高腳杯。將材料放入玻璃杯中，確定糖已溶解並將咖啡和威士忌拌勻後，小心地用已搖至濃稠，但仍具流動性的優質鮮奶油製作分層。可使用肉豆蔻進行裝飾。

咖啡： 習慣上任何傳統的濾滴式咖啡或濃縮咖啡都可以，但當然使用的品質越佳，最後的結果嚐起來也越美味。

利口酒： Buena Vista Cafe 使用的是我真的很喜歡的「愛爾蘭之最」（Tullamore Dew），但這道飲品往往和大多數優質的愛爾蘭威士忌都能搭配良好。

肯塔基咖啡 KENTUCKY COFFEE

這些年來，我這道溫暖的咖啡雞尾酒配方已漸漸有所轉變。這是我前所未有最愛的必備飲品之一，而且在我工作的許多酒吧中，它已證實是寒冷冬季裡真正廣受大眾喜愛的飲品。當我一有機會，我就會要求躲到酒吧後面，為我自己調製一輪的肯塔基咖啡，因為這是一款很簡單的飲品，使用的材料在任何優質的酒吧都能取得。它也經常被我酒吧裡的客人稱為熱的濃縮咖啡馬丁尼，但它實際上是對愛爾蘭咖啡進行非常簡單的變化，而且我認為變得更加美味。

波本威士忌（Bourbon）40 毫升／
  1 又 1/3 盎司
棕可可香甜酒（dark Crème de
  Cacao）10 毫升／1 又 1/3 盎司
濃縮咖啡 35 毫升／1 又 1/4 盎司
楓糖漿 10 毫升／1 又 1/3 盎司
可可苦精少許
太妃糖奶油（butterscotch
  cream，見下方）90 毫升／
  3 盎司

裝飾
黑巧克力片
肉桂粉

太妃糖奶油（製作 3 人份）
鮮奶油 270 毫升／9 盎司
太妃糖利口酒（butterscotch
  liqueur) 15 毫升／1/2 盎司

製作太妃糖奶油：將鮮奶油倒入醬料擠壓瓶中，加入太妃糖利口酒。搖盪至變濃稠。

準備杯子：拿一片黑巧克力，用打火機的火稍微熱一下巧克力背面，接著貼在馬丁尼杯的側邊，然後擺在一旁。

調製雞尾酒：將剩餘材料加進波士頓玻璃內杯，用咖啡機的奶泡管加熱至即將沸騰。倒入室溫的馬丁尼杯。用太妃糖奶油製作分層，並以肉桂裝飾。

咖啡：家常濃縮咖啡就很好用。

利口酒：我個人的最愛是巴特波本威士忌，因為它含有高含量的裸麥，會散發出香料堅果味，而且和楓糖漿、咖啡及可可搭配起來極為出色。

薑餅拿鐵 GINGERNUT LATTE

我為一位朋友設計了這道酒譜，讓他在沉靜的夜晚能夠在家中親自使用他的 Nespresso 機調製一點溫暖可口的飲品。這當然可以用經典的義式咖啡機和奶泡管製作。我推薦使用燕麥奶是因為它和薑等香料及威士忌真的很搭，但如果你冰箱裡剛好有杏仁、腰果、豆漿或牛乳，也會是美味的組合。

威士忌 45 毫升／1 又 1/2 盎司
金黃糖漿 10 毫升／1/3 盎司
燕麥奶 120 毫升／4 盎司
乾燥薑粉 1/2 小匙
肉桂粉少量
Nespresso 咖啡 1 份

裝飾
薑餅碎片和擺在一旁的薑餅（非必要）

將咖啡以外的所有材料加進 Nespresso Aeroccino 奶泡機，啟動加熱的設定。在加熱時萃取你的 Nespresso 咖啡，並倒入咖啡杯中。我建議使用廣口杯，如此一來你便可以沾餅乾吃。

牛乳加熱完成後，倒入咖啡中。以薑餅碎片裝飾，如果你喜歡的話，可在一旁擺上薑餅作為搭配。

🫘 **咖啡：**使用任何你手邊有的膠囊咖啡，但我的建議是使用味道較清淡的咖啡，例如莉梵朵（Livanto）或卡碧奇歐（Capriccio）。我為他設計這道飲品的朋友經常使用不同風味的膠囊，有時甚至使用咖啡因減量系列。

🍾 **利口酒：**蘇格蘭調和威士忌往往最適合這道飲品。

教父阿芙佳朵 GODFATHER AFFOGATO

這不朽的義大利餐後放縱的華麗變化，連唐維特·柯里昂（Don Corleone）本人都會感到驕傲。它是如此驚人地美味，而且容易製作，應該要列入各地社交晚宴款待者的固定菜單。

沙巴雍義式冰淇淋（zabaglione gelato）1 勺
（義大利蛋黃和瑪莎拉 Marsala 葡萄酒冰淇淋——可以香草莢或類似的選項替代）
約翰走路金牌珍藏威士忌
（Johnnie Walker Gold Label Reserve whisky）30 毫升／1 盎司
杏仁甜酒（amaretto）15 毫升／1/2 盎司
義式濃縮咖啡 30 毫升／1 盎司

裝飾
義式脆餅碎屑
肉桂粉

準備杯子：將 1 勺的義式冰淇淋放入白蘭地杯（brandy balloon）或咖啡玻璃杯中。

調製雞尾酒：將剩餘的材料加進 Nespresso Aeroccino 奶泡機，按下紅色的設定鈕進行加熱混合，也可使用義式咖啡機的奶泡管混合加熱。淋在義式冰淇淋上。以義式脆餅和肉桂粉裝飾。

咖啡：家常濃縮咖啡就很好用。在深夜的聚會中可使用無咖啡因的品種。

利口酒：金牌威士忌很香甜滑順，搭配優質的杏仁甜酒會有格外出色的效果。

B52 轟炸機 B52 HOT SHOT

轟炸機（加利安諾香甜酒 Galliano、熱咖啡和打發鮮奶油）是 1990 年代滑雪場相當受歡迎的必殺飲品。2007 年，當我在皇后鎮（Queenstown，紐西蘭的滑雪小鎮）工作時，我自然必須研發我自己的酒譜。這個版本是轟炸機和 B52 的變化融合 —— 由內而外的溫暖可口。

貝禮詩奶酒 15 毫升／1/2 盎司
柑曼怡白蘭地橙酒（Grand
　Marnier）10 毫升／1/3 盎司
現煮熱濃縮咖啡 15 毫升／1/2 盎司
VS 干邑白蘭地 5 毫升／吧匙

先將貝禮詩奶酒倒入玻璃杯中，以便留下美好順口的餘味。以柑曼怡白蘭地橙酒和咖啡製作分層（之後會混在一起），最後再補滿 VS 干邑白蘭地。

☕ **咖啡：**家常濃縮咖啡是良好的搭配。我通常一次只會製作兩杯，如此一來，我可以從它們之間再分出一杯濃縮咖啡。我也會在家中宴客時使用法式濾壓壺或直火式摩卡壺萃取來製作這些咖啡。

🍾 **利口酒：**添加干邑白蘭地可增強風味及濃度。金色蘭姆酒和波本威士忌亦是不錯的搭配。

威士忌手沖 WHISKEY POUR OVER

如 V60 和 Chemex 等手沖法可溫和地從咖啡中萃取出細緻的風味特性，非常適合用來展現單品烘焙的細微差異。儘管這並非適用於雞尾酒的理想方法，但還是有很多可以使用的方式。以下的簡單方法以 V60 咖啡的特質結合精選烈酒 —— 在此使用的是威士忌。在單獨飲用 V60 咖啡時，我從來不傾向加糖，但當加入烈酒時，我認為添加某種糖可同時為雙方增色，糖作為結合兩者的橋樑，可讓平衡的口感更為圓潤。最後沖煮出的結果是迷人、溫暖且複雜的沖泡飲品，同時又帶有令人振奮精神的優點。請注意，透過濾紙倒入烈酒時可能會去除掉某些風味，因此我會盡可能避免這麼做。

現磨的單品咖啡粉 15 克／ 1/2 盎司
威士忌 90 毫升／ 3 盎司
楓糖漿 22.5 毫升／ 3/4 盎司
熱水（95℃／ 203 ℉）250 毫升／
　8 又 1/2 盎司

裝飾
每杯 1 片火焰橙皮

將一壺水燒開，並將熱水透過濾杯倒入下方的咖啡壺，以沖洗濾紙，並將咖啡壺預熱。在每個玻璃杯中加入少量熱水以預熱。將咖啡壺中的水倒掉。

將現磨咖啡粉加進濾杯。將威士忌和糖漿倒入咖啡壺，並擺在濾杯下方。以繞圈方式，將水緩慢並穩定地倒入，等待所有的水滴落。將玻璃杯中的溫水倒掉，接著用咖啡壺中的雞尾酒將杯子填滿。以柳橙皮裝飾。

咖啡：用你最愛的單品咖啡進行實驗，並搭配你選擇的深色烈酒。

利口酒：我喜愛用美國威士忌搭配咖啡，因此探索了多種選項。我的必備品是美格 46（Maker's 46）。

荷蘭咖啡 DUTCH COFFEE

這簡單而有趣的愛爾蘭咖啡變化調酒，使用陳年荷蘭琴酒（aged genever）、荷蘭香料餅乾肉桂利口酒（Speculaas cinnamon liqueur）、荷蘭冰滴咖啡和肉豆蔻 —— 曾被著名的荷蘭東印度公司視為比黃金更貴重的材料 —— 的荷蘭風味。

陳年荷蘭琴酒 45 毫升／ 1 又 1/2
　盎司
荷蘭香料餅乾利口酒 15 毫升／
　1/2 盎司
冰滴咖啡 60 毫升／ 2 盎司
可可苦精少許
分層：太妃糖奶油（見 96 頁）60
　毫升／ 2 盎司

裝飾
刨碎的黑巧克力和肉豆蔻
荷蘭焦糖煎餅（stroopwafel）1 塊

準備杯子：用熱水預熱有腳玻璃杯，將荷蘭焦糖煎餅擺在頂端，讓煎餅因蒸氣而開始軟化。

調製雞尾酒：將太妃糖奶油以外的所有材料加進波士頓玻璃內杯（Boston glass）中。並以咖啡機的奶泡管加熱至即將沸騰。

供應：將水倒掉，並倒入雞尾酒。以太妃糖奶油分層，並以刨碎的黑巧克力和肉豆蔻裝飾。將荷蘭焦糖煎餅擺在頂端繼續軟化，接著飲用、啜飲並好好享受。

咖啡：我建議使用具強烈麥芽、穀物和堅果香氣的中度烘焙咖啡。我使用的是印尼的波旁品種。

利口酒：陳年荷蘭琴酒具強烈的麥芽和泥土香氣，搭配咖啡和香料的效果真的很出色。荷蘭還可找到一些令人驚豔的荷蘭香料餅乾利口酒；如果你找不到，可用肉桂利口酒或糖漿來代替。

墨西哥摩卡 MEXICAN MOCHA

這經典愛爾蘭咖啡的變化版本，靈感來自我某次在墨西哥瓦哈卡（Oaxaca）的旅行，那裡是梅茲卡爾酒（mezcal）的故鄉，而且這座城市對巧克力有一些驚人的傳統用法。瓦哈卡以其混醬（mole，辛香調味醬）聞名，其中最著名的是結合可可和香料的黑色混醬（mole negro）。另一項較沒那麼出名但同樣驚人的瓦哈卡產品是巧克力飲（drinking chocolate，見右頁圖片）──在市集裡，店家將烘焙可可磨成粉，並混合糖和香料，創造出可以用名為「molinillo」的瓦哈卡調酒棒壓碎的巧克力塊，接著再混入熱水、冷水或牛乳，以製造具香料味的巧克力飲品。

金樽龍舌蘭（reposado tequila）
　　40 毫升／1 又 1/3 盎司
梅茲卡爾酒 5 毫升／吧匙
香料咖啡利口酒（見右下方的利口
　　酒）15 毫升／1/2 盎司
龍舌蘭糖漿 5 毫升／吧匙
瓦哈卡半苦杏仁肉桂香料巧克力
　　2 小塊（或可可粉）
沸水 90 毫升／3 盎司
香草奶油（將 5 毫升／吧匙的純香
　　草精加進 100 毫升／3 又 1/4 盎
　　司的鮮奶油中）60 毫升／3 盎司

裝飾
黑巧克力刨花

準備杯子：用熱水預熱有腳咖啡玻璃杯和調酒杯，接著將兩個杯子的水都倒掉。

調製雞尾酒：將沸水和香草奶油以外的所有材料放入調酒杯中。用 molinillo 調酒棒將巧克力壓碎，攪拌至巧克力溶化。加入熱水，快速攪拌後倒入預熱過的咖啡玻璃杯。用香草奶油製作分層。以黑巧克力刨花裝飾。

咖啡：咖啡利口酒為自製的配方（見 186 至 187 頁），但使用 1800 銀樽龍舌蘭（1800 Silver tequila）作為基底，並添加香草、辣椒粉、龍舌蘭糖漿和單品墨西哥冷萃咖啡。亦可使用優質品牌的咖啡利口酒，例如 Mr Black 或 Quick Brown Fox，並添加你自己的香料。

利口酒：優質龍舌蘭酒和手工煙燻的梅茲卡爾酒是最重要的。理想上最好使用具濃郁香草和柳橙香氣的龍舌蘭酒，例如 1800 金樽，以及煙燻的梅茲卡爾酒，例如迪爾馬蓋－維達（Del Maguey Vida）或 Marca Negra Espadin。

營火摩卡 CAMPFIRE MOCHA

有趣的熱巧克力爐邊詮釋，這是我外出至樹林裡待了漫長的一天後，製作出來的真正營火酒譜。我往往會預先在瓶子裡準備 2 人份以上的份量，因為這是很適合在營火邊和朋友共享的飲品。當然在你舒適的廚房或酒吧裡，你一樣也能用咖啡機製作出這道飲品，用奶泡管加熱並混合材料，但我敢肯定，還是在你看著營火的煙緩緩升起，手臂上還有蚊子叮咬時嚐起來最美味！

2 人份
熱牛乳 400 毫升／ 13 又 1/2 盎司
加拿大威士忌 90 毫升／ 3 盎司
無糖黑巧克力粉或可可粉 2 小匙
楓糖漿 30 毫升／ 1 盎司
冷萃咖啡 80 毫升／ 2 又 3/4 盎司

裝飾／搭配
烤特大棉花糖

將所有材料加進瓶中。搖盪後倒入置於火上的長柄平底深鍋（不要燒焦！）。加熱後，以叉子攪拌並倒入露營馬克杯中。最好搭配烤特大棉花糖享用。

🫘 **咖啡：**我使用的是冷萃咖啡，因為它超方便，可以用扁平的小酒瓶帶去露營，但搭配濃縮咖啡，或甚至是直火式的摩卡壺效果也很好。

🍾 **利口酒：**加拿大皇冠威士忌（**Crown Royal**）或加拿大會所（**Canadian Club**）是不錯的選項，因為它們不是很濃烈的威士忌，因此和咖啡與巧克力可以搭配良好。

阿拉伯的滋味 TASTE OF ARABIA

如我們所知，沖煮咖啡的程序始於 15 世紀波斯灣阿拉伯國家南邊的葉門。當地的阿拉伯人發現咖啡在白天能夠為他們供給活力，晚上則可以幫助他們熬夜禱告。他們發明的這道程序很快便向北傳至中東，而且仍使用至今。現在有許多不同風格的沖煮法可以使用，但阿拉伯人傳統上會飲用摻入小豆蔻的濃烈、苦味、不加糖、不過濾的咖啡，而且會搭配甜果乾，尤其是椰棗。住在杜拜後，我已經愛上這傳統、老套風格的咖啡。在此我使用傳統的方式，但使用當地的風味再添加更多的層次。

4 人份
烘焙松子浸泡伏特加（見下方）
　200 毫升／ 6 又 3/4 盎司
亞力酒（arak）10 毫升／ 1/3 盎司
苦精真諦芳香苦精（丁香味很重）
　2 抖振
椰棗糖漿 60 毫升／ 2 盎司
阿拉伯咖啡 300 毫升／ 10 盎司
壓碎的小豆蔻 4 顆
阿拉伯奶油（見下方）

烘焙松子浸泡伏特加
伏特加 1 公升／ 33 盎司
稍微烘烤的碎松子 200 克／ 7 盎司

阿拉伯奶油
鮮奶油 100 毫升／ 3 又 1/4 盎司
橙花水 2 滴
番紅花 4 根

搭配
果乾

製作烘焙松子浸泡伏特加：將松子加進伏特加，浸泡 24 小時，接著用超級濾袋（見 42 頁）或用細棉布過濾。

製作阿拉伯奶油：將鮮奶油和橙花水、番紅花一起浸泡 2 小時。

調製雞尾酒：將前 4 項材料加進「阿拉伯咖啡壺」（dallah），並在製作咖啡時擺在一旁。

製作咖啡：將 360 毫升／ 12 盎司的水倒入鍋中，在瓦斯爐上煮至微滾。加入壓碎的小豆蔻和 50 克／ 1 又 3/4 盎司的深度烘焙葉門或衣索比亞阿拉比卡細咖啡粉。攪拌並繼續以中火加熱。在煮沸的液體升起並觸及鍋子頂端時離火，攪拌，再重複兩次同樣的步驟，接著靜置 1 分鐘再倒入（不使用濾器）dallah 壺，將沉澱物留在鍋底。

用力攪拌至均勻，接著倒入小杯中，並以阿拉伯奶油製作分層。搭配果乾享用。

☕ **咖啡：**深度烘焙的葉門或衣索比亞的阿拉比卡咖啡。

🍾 **利口酒：**使用你選擇的伏特加來浸泡松子。亞力酒是傳統的中東烈酒，帶有茴芹籽的味道。

帝國咖啡 IMPERIAL COFFEE

使用美麗的比利時皇家平衡虹吸式咖啡壺（Royal Belgian Balance syphon），為你的顧客製造戲劇性的互動體驗，尤其是在桌邊表演時。這不太適合在忙碌的酒吧進行，但在適當的環境下，這會是很特別的侍酒體驗。順口而溫暖的風味，這是很適合和三五好友在寒冷的冬夜裡一起共享的飲品。

陳年蘭姆酒 90 毫升／ 3 盎司
乾燥柳橙圈 2 片
切成小塊的乾燥無花果 1 顆
乾燥鳳梨 1 大塊
新鮮薑片 1 片
甘草片 2.5 公分／ 1 英寸
現磨咖啡粉 16 克／ 1/2 盎司
水 210 毫升／ 7 盎司
蜂蜜糖漿 30 毫升／ 1 盎司（蜂蜜
　和水以 2：1 的比例混合）

裝飾
乾燥柳橙片 1/2 片
甘草棒

將蘭姆酒、果乾、薑、甘草和咖啡放入虹吸玻璃壺中。在金屬水箱中加入水和蜂蜜糖漿。

點火，等待蜂蜜水沸騰並流至玻璃壺中。讓液體沸騰 15 秒，接著熄火。所有的液體將流回金屬水箱，留下果乾和香料等沉積物。

倒入有腳玻璃杯。以乾燥柳橙片和甘草棒裝飾。

🫘 **咖啡**：使用類似 Chemex 沖煮咖啡使用的中度研磨咖啡粉。任何可以和柳橙風味搭配的咖啡，例如蜜處理的尼加拉瓜咖啡，都會有出色的效果。

🍾 **利口酒**：我喜歡酒體中等的金色蘭姆酒，例如奇峰蘭姆酒（Mount Gay Eclipse）、瑪杜莎 10 年（Matusalem Clásico）、百家得 8 年或 Ron Zacapa Ámbar。

火焰雞尾酒 CAFE BRULOT DIABOLIQUE

又名「Devilishly Burned Coffee」的火焰雞尾酒，通常指的是晚餐後供應的傳統熱咖啡。它是在美國紐奧良的安東尼餐廳（Antoine's Restaurant），由餐廳創始人的兒子朱爾·阿利思多（Jules Alciatore）所發明，而且至今仍為了讓其顧客讚嘆而每日供應。這是相當壯觀的表演，當調酒師以火鍋侍酒，將酒點燃，然後將這著火的液體倒在鑲有丁香的長條螺旋狀橙皮上，讓液體緩緩流下。這道程序會將橙皮裡的油脂烤成焦糖，同時烘烤丁香，因而產生一種迷人的香氣，而香氣會瀰漫整個房間並進入飲品中。這道飲品有點危險，需要相當的技術才能進行，因此最好留給專業的來。如果你真的要嘗試，我建議在酒吧或廚房裡安全的區域進行，手邊準備浸濕的茶巾／餐巾，以撲滅任何飛出的火花或用來冷卻燒焦的手指。

白蘭地 200 毫升／6 又 3/4 盎司
法式濾壓咖啡 400 毫升／13 又 1/2
　盎司
黃柑橘香甜酒（orange Curaçao）
　125 毫升／4 又 1/4 盎司
糖 3 小匙
檸檬皮 1 條
肉桂棒 1 根
鑲入 8-10 顆丁香的螺旋狀柳橙皮 1
　整顆（柳橙）

裝飾
鑲入丁香的柳橙皮

將咖啡和橙皮以外的所有材料加進長柄平底深鍋或火鍋中，開始加熱。以長柄湯匙攪拌至糖溶解。在夠熱時就會開始燃燒。

在液體仍在燃燒時，使用長柄叉或鉗子將柳橙皮垂放至飲品中。用杓子將燃燒的液體舀起，倒在螺旋狀果皮上 5 次，炙烤香料並將柳橙精油烤成焦糖。讓柳橙皮落入飲品中。

倒入熱咖啡，這將會熄滅火焰。舀入小咖啡杯或堅固的有腳玻璃杯中。以鑲入丁香的柳橙皮裝飾。

咖啡：醇厚的法式濾壓咖啡或濾滴式咖啡都會有出色的效果。

利口酒：在此，品質中等的白蘭地或干邑白蘭地的效果最佳。請盡量不要燃燒過長的時間。若你手邊沒有黃柑橘香甜酒，君度橙酒或柑曼怡香橙干邑香甜酒（Grand Marnier）都是良好的替代品。

墨西哥烈焰 MEXICAN BLAZER

經典的「藍色烈焰」（Blue Blazer）最早發表於傳奇的傑瑞·湯瑪仕（Jerry Thomas）教授於 1862 年出版的第一本雞尾酒書《調酒師指南》（*The Bartenders Guide*）。這是第一份關於花式調酒的文獻。在照片中，傑瑞·湯瑪仕用兩個金屬杯拋接點火的雞尾酒來娛樂顧客。老實說，這道經典的酒譜並不是特別美味，但經過一些改良，它就可以很美味，而且有很多替代的風味可以使用。在此使用墨西哥風味製作（而且也能變成混血，加進一小塊奶油或馬斯卡邦乳酪，就會很像熱奶油蘭姆雞尾酒）。烈焰是極度棘手，難以掌控，而且有點危險的飲品（請見下方的安全須知）。然而，如果正確且安全地製作，它會讓你在冬季享用時非常驚豔。

骼金樽龍舌蘭（Kah Reposado Tequila）60 毫升／ 2 盎司
君度橙酒 10 毫升／ 1/3 盎司
沸水 20 毫升／ 2/3 盎司
龍舌蘭糖漿 10 毫升／ 1/3 盎司
濃縮咖啡 30 毫升／ 1 盎司
黑胡桃苦精（Black Walnut Bitters）少許
香料粉少量

裝飾
柳橙皮
肉桂棒

重要安全須知
請閱讀 93 頁的安全建議後再嘗試製作這道雞尾酒。

用熱水預熱兩個金屬牛奶壺和一個有腳玻璃杯。將第一個牛奶壺的水倒掉，加入龍舌蘭酒和君度橙酒。將第二個牛奶壺的水倒掉，只留下 20 毫升／ 2/3 盎司的沸水，並加入龍舌蘭糖漿、濃縮咖啡和苦精。

用噴槍加熱第一個牛奶壺，直到利口酒起火燃燒，而且燃燒狀態良好。緩緩將這約 80% 的燃燒液體以不間斷的流水狀倒入第二個牛奶壺。接著將第二個牛奶壺的 90% 液體倒回第一個牛奶壺，重複這樣的程序兩次，最後再將所有的液體倒入最後的一個壺中。

加入 1 抖振的香料粉，接著將空壺的底部擺在另一個壺的頂端，將火焰撲滅。

將玻璃杯中的水倒掉，倒入雞尾酒。以柳橙皮和肉桂棒裝飾。

咖啡：家常濃縮咖啡就很好用。

利口酒：骼金樽龍舌蘭具有 52% abv 的高酒精濃度，這有助燃燒，而且其酒體也經得起稍微稀釋。君度橙酒是完美的搭配。這道酒譜使用高酒精濃度的波本威士忌和楓糖漿，或是搭配蘭姆酒和金黃糖漿也會有出色的效果。

3 直調法 BUILT

一次一個步驟,直接將這些飲料加入杯中,接著往往需要混合或攪拌,讓材料融合在一起。在直接加入咖啡飲品時,相互衝突的對比層次往往會形成美麗的外觀。

調酒師的祕訣

- 在直接加入冷飲時,請確保咖啡的溫度低於室溫,如此一來你的冰塊才不會融化並過度稀釋你的飲品。
- 若需要握住酒杯,只要用食指和大拇指握住杯腳,以免將多餘的熱和油脂傳遞至玻璃杯上。
- 在準備材料時,將你的玻璃杯冰鎮或加熱。
- 在用材料製作分層時,較重/較甜的材料形成底層,較輕、酒精濃度較高的會處於上層。
- 若要攪拌雞尾酒,請使用你的吧匙或調酒棒,並在指間來回滾動,以搖動並均勻混合。這亦可創造額外的稀釋度,而這可能是輕輕攪拌所做不到的。

黑／白俄羅斯 BLACK/WHITE RUSSIAN

我將這兩種飲品加在一起，因為它們的材料和結構類似且簡單。基本上，白俄羅斯就是原版黑俄羅斯的變化版本。兩者都以其外觀命名，而且伏特加通常與俄羅斯相關，尤其是蘇托力伏特加（Stolichnaya）和思美洛伏特加（Smirnoff）。黑俄羅斯可追溯至 1949 年，人們相信是由一位比利時調酒師古斯塔夫·塔柏斯（Gustave Tops）在布魯塞爾的大都會飯店（Hotel Metropole）所發明，而他只是在加冰的威士忌中加入咖啡利口酒。如今，許多人會要求加可樂，這是很簡單的添加，但卻會形成過甜的改良品。至於白俄羅斯是在何時、何處，由誰所發明，則無從得知。它最早出現在《波士頓環球報》（*Boston Globe*）1965 年 3 月 21 日的廣告印刷上，當時是為了推廣一種名為「Coffee Southern」的咖啡利口酒（如今已不存在）。它是 70 年代和 80 年代非常受人喜愛的流行飲品，並在 1998 年因被塑造成傑夫·布里吉（Jeff Bridges）在電影《謀殺綠腳趾》（*The Big Lebowski*）裡的角色「督爺」（The Dude）最愛的飲品而迅速地重出江湖。僅是在黑俄羅斯中再加入牛乳，或經常加入一半的牛乳和一半的鮮奶油，許多人偏好搖盪白俄羅斯來混合材料，但我認為簡單使用直調法也是它的魅力之一。我也很享受將牛乳倒在上面的美學，形成了迷人的對比層次效果。

伏特加 40 毫升／1 又 1/3 盎司
咖啡利口酒 20 毫升／2/3 盎司
鮮奶油／牛乳 45 毫升／1 又 1/2
　盎司

裝飾
肉豆蔻（非必要）

將古典杯裝滿冰塊。直接將材料放入冰中，攪拌。如果你喜歡的話，可以肉豆蔻裝飾。

🫘 **咖啡：**如卡魯哇（Kahlúa）和瑪莉亞（Tia Maria）等咖啡利口酒都有出色效果，但現在也能取得一些令人驚豔的高品質品牌，例如 Mr Black 和 Quick Brown Fox。否則你也能製作你自己的咖啡利口酒（見第六章）。

🍾 **利口酒：**選擇你最愛的優質伏特加。

咖啡通寧水 COFFEE & TONIC

在 2016 年驟然登場，並引發不少質疑聲浪的咖啡通寧水，一直是一種令人出乎意料的飲料。你認為不可能搭配的風味就這麼奏效了。使用以冷萃或冰滴方式萃取的咖啡，苦味比濃縮咖啡減少許多。加進來的通寧水釋放出這樣的苦味，並用氣泡將味道提升至新的高度，成為夏日優雅清爽的清涼飲品。

坦奎瑞 10 號琴酒（Tanqueray 10 gin）45 毫升／ 1 又 1/2 盎司
冷萃咖啡 60 毫升／ 2 盎司
頂級通寧水 120 毫升／ 4 盎司

裝飾
葡萄柚皮

在高球杯中填滿冰塊。直接將材料放入冰塊中，攪拌。以葡萄柚皮裝飾。

🫘 **咖啡：**我偏好使用的冷萃咖啡是清淡、複雜的衣索比亞咖啡，但你當然可以自在地用你最愛的烘焙咖啡進行實驗。

🍾 **利口酒：**坦奎瑞 10 號琴酒使用新鮮柳橙、萊姆、葡萄柚和洋甘菊所打造，入口時有濃郁的柑橘水果味，這表示它和通寧水非常搭，而且可和複雜的咖啡取得格外出色的平衡。

咖啡椰奶 CAFE COCO

這極為簡單卻極為美味的白俄羅斯變化調酒只是將牛乳改為椰奶和椰漿的組合，並使用優質的冷萃咖啡來取代咖啡利口酒。少量的龍舌蘭糖漿可增加甜度。我經常在家製作這道飲品，而且在撰寫這本書時，我已經數不清我喝了多少！

伏特加 45 毫升／ 1 又 1/2 盎司
冷萃咖啡 60 毫升／ 2 盎司
龍舌蘭糖漿 10 毫升／ 1/3 盎司
半對半椰奶（coconut half &
　　half，見下方）45 毫升／ 1 又
　　1/2 盎司

裝飾
烤椰片（Toasted coconut flakes）
多香果少量

半對半椰奶
椰漿 400 毫升／ 14 盎司
椰奶 400 毫升／ 14 盎司

製作半對半椰奶：混合 1 罐的椰漿和 1 罐的椰奶。罐裝椰子的保存期限較長，因此我經常使用，而且會用來添加在我的濃縮咖啡和我的麥片中。

調製雞尾酒：在玻璃杯中加滿冰塊。直接將材料放入冰塊中，攪拌。以椰片和少量的多香果裝飾。

咖啡：我偏好使用的冷萃咖啡是帶巧克力味的巴西或墨西哥咖啡。

利口酒：使用你最愛的優質伏特加。

柳橙咖啡 CAFE L'ORANGE

這簡單又清爽的咖啡為一成不變的冷萃咖啡帶來不少刺激，如今已成為我夏季周日下午的必備飲品！

VS 干邑白蘭地 35 毫升／1 又 1/4
　　盎司
班尼狄克丁香甜酒（Bénédictine
　　liqueur）5 毫升／吧匙
冷萃咖啡 60 毫升／2 盎司
蜂蜜糖漿 5 毫升／吧匙
柳橙苦精少許
橙角 2 塊

裝飾
柳橙圈（Orange wheel）
肉桂棒

將碎冰放入高腳杯中。直接將材料加入冰塊中，攪拌混合。以柳橙圈和肉桂棒裝飾。

☕ **咖啡：** 在這裡，和你最愛的冷萃咖啡或冰滴咖啡一起瘋狂一下 —— 你不會出錯的！

🍾 **利口酒：** VS 干邑白蘭地的品質良好，而且價格較 VSOP 或 XO 更平易近人，但力道十足且持久，並因添加咖啡和柳橙而更加閃耀。班尼狄克丁香甜酒增添少許草本的複雜度，但如果你沒有庫存的話，這並非必要。

咖啡球 CAFE BALLER

我創造了這道飲品，因為這是在家中為飲品增添情趣的簡單方法。預先製作了咖啡香料冰球後，我只需加入我喜愛的烈酒。當咖啡冰球緩緩溶解在飲品中，這變得越來越令人享受，因為它降低了溫度，並增添了可口的咖啡與香料味。

烈酒 60 毫升／2 盎司
咖啡香料冰球（見 188 頁）

裝飾
柳橙皮

使用任何你愛的烈酒，將 60 毫升／2 盎司的烈酒加入白蘭地杯中，加進預先準備好的咖啡香料冰球，並以柳橙皮裝飾。

咖啡：用你最愛的冷萃或冰滴咖啡製作冰球，並加入香草、肉桂等香料。

利口酒：優質的干邑白蘭地、蘭姆酒、龍舌蘭酒、威士忌真的都很適合用來搭配香料冰。如君度橙酒、柑曼怡香橙干邑香甜酒、金盃蜂蜜香甜酒（Drambuie）、Glayva、希琳櫻桃香甜酒（Cherry Heering）等不勝枚舉的利口酒也都很適合搭配作為更香甜的甜點享用。

漂浮咖啡波本 COFFEE BOURBON FLOAT

漂浮的冰淇淋和蘇打水應該會使大量有趣的童年記憶湧上心頭，即使是最認真嚴肅的馬尼丁嗜飲者和卡路里計算者。摻入咖啡和利口酒，讓你有更多理由犒賞自己，並讓你的臉上露出大大的笑容。漂浮真的很簡單，也能加入不同的利口酒，並使用如 Dr Pepper 飲料、薑汁蘇打水，或甚至是自製的香料咖啡蘇打（見 189 頁），變化成你自己招牌的腰身剋星。

波本威士忌 45 毫升／1 又 1/2 盎司
冷萃咖啡 45 毫升／1 又 1/2 盎司
棕可可香甜酒 15 毫升／1/2 盎司
楓糖漿 15 毫升／1/2 盎司
費氏兄弟黑胡桃苦精（Fee Brothers
　Black Walnut Bitters）2 抖振
楓糖核桃冰淇淋 1 大勺
可樂 60 毫升／2 盎司

裝飾
胡桃或核桃
肉桂

將前五樣材料直接放入啤酒杯中攪拌，小心地放入冰淇淋，並補滿可樂。以胡桃或核桃和肉桂裝飾。

🫘 **咖啡**：理想上你需要醇厚、不酸的深度烘焙冷萃咖啡。

🍾 **利口酒**：任何的波本威士忌或裸麥威士忌都行得通 —— 這是道好玩的飲品，因此不需要太嚴肅。簡單就好！

肉桂吐司麥片白俄羅斯

CINNAMON TOAST CRUNCH WHITE RUSSIAN

要為經典的白俄羅斯添加少許的樂趣，做法超級簡單，只要用半對半的鮮奶油來浸泡你最愛的麥片即可。肉桂麥片不僅可增添可口的甜度，也能為這道飲品帶來全麥的風味。

香草伏特加 30 毫升／ 1 盎司
咖啡利口酒 30 毫升／ 1 盎司
半對半鮮奶油浸泡麥片 90 毫升／
　3 盎司（見下方）

裝飾
Curiously 肉桂脆烤麥片

半對半鮮奶油浸泡麥片
牛乳 60 毫升／ 2 盎司
鮮奶油 60 毫升／ 2 盎司
Curiously 肉桂脆烤麥片 100 克／
　3 又 1/4 盎司

製作半對半鮮奶油浸泡麥片：混合牛乳和鮮奶油，並加入麥片。攪拌後靜置浸泡 15 分鐘。過濾以去除麥片。

調製雞尾酒：在古典杯中加滿冰塊。直接放入材料，攪拌並以脆烤麥片裝飾。

🫘 **咖啡：**使用你選擇的咖啡利口酒，或 30 毫升／ 1 盎司的冷萃咖啡以及 15 毫升／ 1/2 盎司的糖漿（見 55 頁）。

🍾 **利口酒：**我使用自製的香草伏特加，但你可以自在地使用你最愛的品牌。

田納西茱莉普 TENNESSEE JULEP

這道飲品的靈感來自某次造訪美國田納西州（Tennessee）的喬治·迪凱爾酒廠（George Dickel distillery）之旅。令我非常驚喜的是，我發現這出色的美國威士忌是以非常傳統的方式，使用釀酒的設備和程序以小批次生產，生產出來的威士忌非常經得起時間的考驗。他們產品的品質在廣大的威士忌市場上受到嚴重的低估，但我有種感覺，他們未來不需要太擔心要和那些大企業競爭，他們只是以自己的步調盡可能製作最優質的威士忌（他們的威士忌 whisky 不加「e」*）就滿足了。這種威士忌正好非常適合用來搭配咖啡，因此這只是我自那次造訪後加以運用的多道酒譜之一。

咖啡浸泡喬治迪凱爾 8 號田納
　西威士忌（coffee-infused
　George Dickel No.8 Tennessee
　Whisky）60 毫升／2 盎司
杏桃利口酒 5 毫升／吧匙
淺色有機玉米糖漿（light organic
　corn syrup）10 毫升／ 1/3 盎司
巧克力薄荷葉 12 片

裝飾
薄荷葉 5 枝
罐裝杏桃半罐
蜂巢 1 大塊

將材料加進朱麗普杯（Julep cup），和碎冰一起攪拌以浸泡薄荷並稀釋糖漿。以薄荷、杏桃和蜂巢裝飾。

☕ **咖啡：**使用「氮空蝕法」（nitro-cavitation，見 196 頁），直接將咖啡浸泡在威士忌中，巧妙地增添細微的咖啡味。

🍾 **利口酒：**喬治迪凱爾田納西威士忌在蒸餾後使用木炭過濾威士忌的傳統做法，以精煉其風味。帶有少量的煙燻、楓糖和奶油烤玉米的味道，形成順口和略為乾澀的餘味，和咖啡是絕佳的搭配。

---

* 19 世紀時，蘇格蘭生產的威士忌品質不一，愛爾蘭威士忌為了加以區隔，將出口到美國的威士忌名稱上多加一個「e」。後來世界上多數國家生產的威士忌，包括蘇格蘭、加拿大、日本等都是 whisky，只有美國和愛爾蘭（大部分）稱為 whiskey。

咖啡可樂娜 CAFE CORONA

不，這道飲品不含啤酒！它的靈感來自被稱為「巴坦加」（Batanga）的雞尾酒以及製作它的人。由傳奇調酒師唐尚維耶・戴卡多可樂娜（Don Javier Delgado Corona）在他位於墨西哥的龍舌蘭小鎮的酒吧 La Capilla 裡創造，基本上就是龍舌蘭、可樂，再加上新鮮的萊姆和鹽口杯。可樂娜很有名的是他會用大菜刀來切萊姆，並用來攪拌雞尾酒。在此，我以多種成分來取代可樂，包括香料咖啡蘇打，帶來類似但不同的風味。

1800 金樽龍舌蘭 45 毫升／1 又 1/2
　盎司
皮耶費朗黃柑橘香甜酒（Pierre
　Ferrand orange Curaçao）10 毫
　升／1/3 盎司
梅茲卡爾酒 5 毫升／吧匙
香料咖啡蘇打（見 189 頁）
苦精真諦傑瑞湯瑪仕苦精（Bitter
　Truth Jerry Thomas Bitters）少許

裝飾
可可辣椒鹽（見下方）
火焰橙皮

可可辣椒鹽
可可粉 1/8 小匙
辣椒粉 1/8 小匙
馬爾頓（Maldon）海鹽 1 小匙

製作可可辣椒鹽：混合可可粉、辣椒粉和海鹽。

準備杯子：在杯子邊緣塗上可可辣椒鹽，接著加入冰塊。

調製雞尾酒：直接放入材料，用刀攪拌。以橙皮裝飾。

咖啡：你可用任何咖啡來製作咖啡蘇打，但要帶有少許的香草和烘焙杏仁味。

利口酒：我是 1800 金樽龍舌蘭系列的大粉絲，因為它的酒體和風味豐富，而且在這裡和咖啡香料搭配起來是如此出色。皮耶費朗製作出全球最棒的黃柑橘香甜酒；而梅茲卡爾酒應略帶煙燻味，例如迪爾馬蓋維達（Del Maguey Vida）或 Marca Negra Espadin。

啤酒派對 KEG PARTY

氮氣冷萃咖啡成為 2017 年的流行熱潮。咖啡狂熱者開始到他們最愛的精品咖啡店搜刮氮氣冷萃咖啡，如今連企業連鎖咖啡店也趕上了這波浪潮。氮氣讓咖啡充滿綿密氣泡，製造出我們通常會聯想到健力士（Guinness）啤酒的迷人瀑布效果。因此留給你一層如同濃縮咖啡馬丁尼表面形成的可愛泡沫，並帶來絕佳的口感。酒吧從此開始將這加進他們的酒單中，並將預先調製的配方放入可重複裝填的啤酒桶中，以水龍頭供應氮氣冷萃馬丁尼。這些啤酒桶供應的不只是口感和美味，還提供了速度和一致性。這基本酒譜的變化超簡單，只要將糖元素變化成各種風味，從鹹焦糖到番石榴，或是任由你的想像力奔馳。若無法取得迷你啤酒桶系統，這道配方也很適合以 iSi 奶油槍供應。使用的工具為專家等級，但會附上詳細的說明。你會需要兩個 8 克的氮氣匣。

15 人份
坎特 1 號柑橘伏特加（Ketel 1 Oranje vodka）300 毫升／10 盎司

以 5：1 比例萃取的冷萃咖啡（見 40 至 43 頁）600 毫升／20 盎司

礦泉水 200 毫升／6 又 3/4 盎司

黑莓利口酒 150 毫升／5 盎司

多香果利口酒（Pimento Dram）50 毫升／1 又 3/4 盎司

龍舌蘭糖漿 200 毫升／6 又 3/4 盎司

裝飾
巧克力粉（我在我的巧克力粉中掺入可食用銅粉）

黑莓

將材料加進預先冰鎮的 2 公升／66 盎司啤酒桶，密封、搖盪，上下翻轉，並裝上第一個氮氣匣。再度搖盪，接著裝上第二個氮氣匣。

倒入無冰塊的冰鎮古典杯。將酒桶裝置裝入填滿碎冰的冰桶，以保持良好風味並為剩餘的飲品供應保冷。

☕ **咖啡：**我偏好使用可可風味濃郁的哥倫比亞或瓜地馬拉咖啡。

🍾 **利口酒：**一般的伏特加就會有出色的效果，但我真的很喜歡添加柳橙伏特加。

咖啡因致死 DEATH BY CAFFEINE

這是為了酒吧可作為甜點雞尾酒使用所設計的酒款，我過去經常會設法將它裝入特定的「球」中——即肉丸，這似乎是適合加進菜單的雞尾酒。對賓客來說，這是有趣且迷人的體驗，而且當我們售出一杯，最後會跟著售出半打以上給也想親自體驗的好奇旁觀者。

1 人份
薩凱帕索雷拉 23 蘭姆酒（Ron Zacapa Solera 23 rum）30 毫升／1 盎司
冷萃咖啡 30 毫升／1 盎司
肉桂浸泡咖啡利口酒（cinnamon-infused coffee liqueur）15 毫升／1/2 盎司
馬雅香料香艾利口酒（Mayan spiced Amaro，見下方）15 毫升／1/2 盎司
礦泉水 15 毫升／1/2 盎司
亞當博士的愛情女神苦精 2 抖振
另外的冷萃咖啡 30 毫升／1 盎司
黑巧克力球
咖啡泡沫（見 198 頁）45 毫升／1 又 1/2 盎司

裝飾
跳跳糖
冷凍乾燥覆盆子粉
可食用銅粉

馬雅香料香艾利口酒
蒙特內哥羅苦酒（Amaro Montenegro）700 毫升／23 又 1/2 盎司
香草粉 5 毫升／吧匙
烘焙可可碎粒（toasted crushed cocoa nibs）3 克
肉桂粉 0.2 克
辣椒粉 0.1 克

預先在 1.5 公升／50 盎司的瓶中混合前 6 種材料（一次放入 14 人份的份量），冷藏保存。

在準備要供應時，將另外 30 毫升／1 盎司的冷萃咖啡倒入小烤杯（ramekin）中，將黑巧克力球擺在杯子頂端。用噴槍稍微在球上點火，讓球稍微軟化，接著撒上跳跳糖、冷凍乾燥覆盆子粉和可食用銅粉。

輕輕搖晃預先混合的材料，秤出 105 毫升／3 又 1/3 盎司的液體，透過巧克力球頂端的小洞，透過漏斗倒入液體（見左頁的左上圖）。使用 iSi 奶油發泡槍注入咖啡泡沫。為巧克力球插上吸管。

將一小塊乾冰加進裝在小烤杯的冷萃咖啡中（見左頁左下圖），蓋上玻璃罩（見左頁右下圖）。

侍酒：將玻璃罩打開，教導客人以吸管啜飲飲品，喝完後用湯匙將巧克力球敲開，並搭配下方的冰鎮冷萃咖啡享用巧克力。

注意：必須等到咖啡完全停止起霧後再開始飲用雞尾酒。

🫘 **咖啡**：任何可以和巧克力球搭配的冷萃咖啡都能用來搭配雞尾酒和這杯飲品。

🍾 **利口酒**：薩凱帕 23 蘭姆酒具豐富複雜的特性，和黑巧克力是格外出色的搭配。浸泡你自己的肉桂咖啡利口酒或嘗試 Quick Brown Fox。

4 攪拌法與拋接法 STIRRED & THROWN

攪拌雞尾酒是一道精緻、撫慰人心的儀式，用以結合材料來完成精準的稀釋，同時盡可能減少曝氣並增加冰鎮因子。攪拌法的經驗法則是，用於沒有太多如糖漿和果汁（這些材料如果用如此溫和的程序，可能無法有效地結合）等厚重部分的高濃度酒精飲品。以攪拌法而非搖盪的方式有助你維持飲品的清澈度，例如曼哈頓、馬丁尼、古典雞尾酒和內格羅尼。和搖盪法相較下，飲品較不會到達同樣的低溫，通過材料的氧氣量減少許多，而這會造成截然不同的黏稠度和留在嘴裡的餘味。

拋接法則適用於需要更多混合和曝氣的飲品類型。這個手法現在在酒吧裡很常見，但事實上它出現的時間早於搖盪法，在「將兩個金屬不銹鋼杯（tin）裝在一起」的做法之前，飲品是以「在兩個杯子之間拋接」的方式來混合材料。

調酒師祕訣：攪拌法

- 攪拌調飲應盡可能在最冰涼時供應，因此要先用冰塊冰鎮玻璃杯和調酒容器。攪拌冰塊讓玻璃杯更能充分接觸冰塊，可更快速冰鎮。
- 在冰鎮玻璃容器時準備你的裝飾品，以便隨時使用。
- 將冰鎮調酒容器時所融化的多餘水分倒掉。
- 使用大量冰塊或碎冰。小冰塊會稀釋得過快，而且冷卻得不夠，而大冰塊的稀釋和冷卻速度都太慢，需要經常攪拌。
- 一旦開始倒入液體，請果斷地動作，因為稀釋已經開始。
- 確保冰塊超過液體。
- 以平穩而順暢的動作攪拌；輕輕攪拌冰塊。
- 儘快供應飲品，才能在最美味時享用。

調酒師祕訣：拋接法

- 以拋接法調製的雞尾酒應盡量在最冰涼時供應，因此在準備飲品時永遠都要用冰塊冰鎮玻璃杯。
- 將冰塊加進裝有飲品的不銹鋼杯中，裝上隔冰匙。另一個不銹鋼杯保持淨空。
- 以流暢的動作將液體從裝冰塊的不銹鋼杯傳遞至另一個空杯中。先從一側高高舉起，下方的手則旋轉下落，將液體來回傳遞。
- 熟能生巧，因此，一開始請先試著用水練習，以找出你的舒適區。

咖啡柳橙古典雞尾酒
COFFEE MARMALADE OLD FASHIONED

這道飲品採用經典的古典雞尾酒配方，添加可增加強度的咖啡因，並以苦甜的柳橙果醬增加亮點，讓這道飲品的魅力急劇上升。

咖啡豆 3 顆
柳橙果醬 2 吧匙
咖啡苦精（見 192 頁）3 抖振
巧克力苦精 1 抖振
蘇打水 7.5 毫升／ 1/4 盎司
約翰走路黑牌威士忌 60 毫升／ 2
　盎司

裝飾
柳橙皮
將有巧克力糖衣的咖啡豆擺在一
　旁，撒上柳橙皮精油

在冰鎮的調酒杯中將咖啡豆壓碎，接著加入柳橙果醬、苦精和蘇打水，攪拌至柳橙果醬溶解。加入冰塊和威士忌，攪拌至達適當的稀釋度和溫度。

以雙重過濾法過濾至裝有冰塊的古典杯。以柳橙皮裝飾。

☕ **咖啡**：搭配你最愛的中度烘焙新鮮咖啡豆 —— 苦精會以額外的複雜層次提供支援。

🍾 **利口酒**：這道飲品相當多變，可搭配廣泛種類的威士忌，但我就喜歡搭配黑牌。柳橙和咖啡也為它增色不少。

咖啡曼哈頓 CAFE MANHATTAN

我認為完美平衡的曼哈頓調酒是生活真正的樂趣之一。唯一可能讓它更美好的就是現磨咖啡的影響，或是放上一片放肆的提拉米蘇在旁邊，與調酒一同享用。

咖啡浸泡裸麥威士忌（見 195 頁）
　50 毫升／ 1 又 3/4 盎司
曼奇諾紅香艾酒（Mancino Rosso
　Amaranto vermouth）20 毫升／
　2/3 盎司
黑核桃苦精 1 抖振
櫻桃苦精 2 抖振

裝飾
火焰橙皮（丟棄）
君度橙酒與干邑白蘭地浸漬櫻桃

將材料加入冰塊攪拌，過濾至冰鎮的飛碟杯。裝飾並享用。

🫘 **咖啡：**咖啡浸泡在威士忌中，增添了微妙的風味，用來襯托裸麥的香料堅果味。我喜歡蜜處理的哥斯大黎加咖啡。

🍾 **利口酒：**和波本威士忌相較下，裸麥威士忌具有較乾澀的冬季香料風味。可用曼奇諾紅香艾酒來加以平衡，後者具有許多複雜的風味和豐富的甜味。

咖啡內格羅尼 CAFE NEGRONI

內格羅尼在近幾年來人氣大幅攀升，主要是因為它寬廣、複雜的風味特性，容易調製且多變化。對於喜歡些許苦味的人來說，內格羅尼確實能滿足他們的需求。這也是我最愛的飲品之一，而且最棒的部分是它的多變化；可用你精選的基酒來做調整。

魯特老西蒙荷蘭琴酒（Rutte Old Simon genever）25 毫升／3/4 盎司

咖啡浸泡甜香艾酒（見 194 頁）22.5 毫升／3/4 盎司

瑞諾曼特苦味餐前酒（Rinomato bitter aperitivo）22.5 毫升／3/4 盎司

裝飾

火焰橙皮

用石榴糖漿（Pomegranate molasses）在玻璃杯側邊作畫

將一大塊冰塊放入無腳酒杯中。將所有材料加進裝有冰塊的雞尾酒雪克杯，拋接五次以混合、冷卻，並混入些許空氣，接著過濾至玻璃杯中。裝飾。

咖啡：以香艾酒浸泡咖啡，增添微妙的特色，形成更具深度的風味。

利口酒：這特殊的荷蘭琴酒是以烘焙堅果製成，和具堅果味的咖啡以及香艾酒的草本香氣出奇地搭配。然而，亦可輕易地換成唐胡立歐金樽龍舌蘭、瑪杜莎白金蘭姆酒（Matusalem Platino rum）或優質的波本威士忌。這所有的替代品都可以和咖啡香艾酒及瑞諾曼特酒完美搭配。瑞諾曼特是一種苦的餐前酒，濃烈度不如金巴利（Campari），但卻比艾普羅香甜酒（Aperol）更濃郁。若無法取得，可使用這兩種義大利經典酒的調和酒。

煙燻鮑比伯恩斯 SMOKY BOBBY BURNS

鮑比伯恩斯雞尾酒是曼哈頓調酒（Manhattan）的變化版本，用蘇格蘭威士忌來取代美國黑麥威士忌或波本威士忌，並加入少量的班尼狄克丁香甜酒（Bénédictine，由法國修士生產的草本利口酒），而我的版本則是以咖啡和香甜煙來增強風味。我不得不說，我通常不是煙燻雞尾酒的超級粉絲，因為我已經用木片製作過太多，而且會產生嗆辣的燒焦煙灰缸味。很重要的是，要找到會產生美味煙燻的木片，這可強化飲品，而不只是用來增加視覺上的吸引力。此外，不要過度加熱而導致木片爆裂，因為這會產生苦的煙燻味。當你做對了，它會為你的雞尾酒增添迷人的複雜層次。

檸檬皮
蘇格蘭三隻猴子威士忌（Monkey Shoulder Scotch whisky）40 毫升／1 又 1/3 盎司
咖啡浸泡香艾酒（見 194 頁）30 毫升／1 盎司
班尼狄克丁香甜酒 10 毫升／1 又 1/3 盎司

搭配
蘇格蘭奶油酥餅（Scottish shortbread，非必要）

將檸檬精油擠在冰鎮過的攪拌不銹鋼杯（mixing tin）中，並將檸檬皮丟棄。加入其他材料，在裝有冰塊的兩個不銹鋼杯之間拋接材料六次。

過濾至冰鎮好的窄口大球形白蘭地杯中，並使用裝有乾燥巧克力發芽大麥和來自老木桶的美國橡木片的煙燻槍進行煙燻。

若你喜歡的話，一旁可搭配蘇格蘭奶油酥餅侍酒。教導飲用者在啜飲之前用力攪拌飲品，讓煙融入飲品中，並清除容器外大部分的煙霧後再行飲用。

☕ **咖啡：**透過浸泡，咖啡已巧妙地融入香艾酒中。

🍾 **利口酒：**三隻猴子是以三種不同的斯佩賽（Speyside）品牌調和而成的麥芽威士忌，而其濃郁溫暖讓這道飲品表現出色。班尼狄克丁香甜酒為草本利口酒，增添了令人愉悅、複雜和香料蜂蜜等風味。在這道飲品中，我最愛用來浸泡的香艾酒是曼奇諾紅香艾酒。

翻雲覆雨 HANKY PANKY

這苦甜的馬丁尼最早是由愛達・科爾曼（Ada Coleman）在倫敦薩伏伊飯店的傳奇美國酒吧裡發明的，她自 1903 年開始在那裡擔任調酒師的工作。這是道大膽，而且評價往往很兩極的雞尾酒，不見得適合所有人，但如果你喜愛優質的內格羅尼，可以給它一個機會。細緻的咖啡增添了令人耳目一新的複雜層次，並作為連結芙內布蘭卡（Fernet-Branca）的良好橋樑。

倫敦乾琴酒（London Dry Gin）30
　毫升／1 盎司
咖啡浸泡甜香艾酒（見 194 頁）
　30 毫升／1 盎司
芙內布蘭卡 2.5 毫升

裝飾
橙皮精油

在裝有冰塊的調酒杯中攪拌材料，過濾至裝有一小塊手切冰塊的飛碟杯中。

以橙皮精油裝飾。

🫘 **咖啡：**咖啡以浸泡香艾酒的方式製作，和芙內布蘭卡是極度出色的搭配。

🍾 **利口酒：**隨著近期琴酒市場的急劇擴張，琳瑯滿目的商品令人難以抉擇。我往往會避開杜松子過重的琴酒，而選擇帶有柑橘或香料／堅果味的琴酒。坦奎瑞 10 號琴酒（Tanqueray No 10）的效果出奇地好，可讓這道飲品的味道更柔和，龐貝藍鑽特級琴酒（Bombay Sapphire）也有同樣效果，或是想走香料路線的話，可嘗試紀凡杜松子香琴酒（G'Vine Nouaison）、龐貝藍鑽特級東方琴酒（Bombay Sapphire East）或坦奎瑞麻六甲琴酒（Tanqueray Malacca）。

老廣場咖啡 VIEUX CAFE

你猜對了，這是極美味的紐奧良經典的老廣場（Vieux Carré）調酒，也是我一直以來最愛的經典烈酒的咖啡變化版本。裸麥威士忌和干邑白蘭地的混搭基底提供了複雜的甜味和香料味，香艾酒讓口感變得更圓潤並增添了藥草味，接著再以苦精、咖啡及少量的班尼狄克丁香甜酒提升層次。

裸麥威士忌 22.5 毫升／3/4 盎司
VS 干邑白蘭地 22.5 毫升／3/4
　　盎司
咖啡浸泡甜香艾酒（見 194 頁）
　　22.5 毫升／3/4 盎司
班尼狄克丁香甜酒 5 毫升／吧匙
裴喬氏芳香苦精 1 抖振
亞當博士死兔子苦精（Orinoco
　　Bitters）1 抖振

裝飾
火焰橙皮

將材料加進裝有冰塊的雪克杯中，拋接五次以混合、冷卻並混入少量空氣。過濾至無冰塊的馬丁尼杯中。以火焰橙皮裝飾。

☕ **咖啡：**以香艾酒浸泡咖啡，增添微妙的特色，並增加其複雜度與風味。

🍾 **利口酒：**使用你最愛的優質品牌來創造具複雜平衡的風味。

瓶裝咖啡蘿西塔 BOTTLED CAFE ROSITA

非常類似 151 頁的內格羅尼酒譜，這道飲品將荷蘭琴酒換成金樽龍舌蘭，並預先裝瓶，如此一來便能立即並直接從冰箱裡供應。含鹽黑巧克力（例如黑巧克力橘子 Terry's Dark Chocolate Orange）很有趣，但並非必要的搭配。

金樽龍舌蘭 25 毫升／3/4 盎司
咖啡浸泡甜香艾酒（見 194 頁）
　　22.5 毫升／3/4 盎司
瑞諾曼特苦味餐前酒 22.5 毫升／
　　3/4 盎司

裝飾
火焰橙皮

依你瓶子的大小，將酒譜的材料以倍數增加，不論是 2 人份，還是 10 人以上。將材料填入瓶子中，冷藏保存。

侍酒：只要準備好裝有冰塊的玻璃杯和裝飾，將瓶子擺在旁邊，讓賓客可以自己倒酒並攪拌自己的飲品。

咖啡：以香艾酒浸泡咖啡，增添微妙的特色，形成更具深度的風味。

利口酒：我最愛用於這道飲品的龍舌蘭酒是 Fortaleza、唐胡立歐（Don Julio）或 Arette。然而，你可以選擇你最愛的優質金樽龍舌蘭（金樽原文 Reposado 為「休息」的意思）來搭配瑞諾曼特酒（見 151 頁）。

山米戴維斯 SAMMY DAVIS

我創造這道飲品來向鼠黨（Rat Pack）的傳奇人物和原版的《Mr Bojangles》*：山米·戴維斯（Sammy Davis）的性格、魅力和品味致敬。山米在 YouTube 上啜飲三得利（Suntory）威士忌的廣告經典片段激勵我設計出一道，我確定他也會愛上的飲品。

三得利角瓶黃標調和威士忌
　　（Suntory Kakubin Yellow Label
　　blended whisky）45 毫升／1 又
　　1/2 盎司
盧世濤佩德羅希梅內斯香艾酒
　　（Lustau Pedro Ximenez sherry
　　vermouth）20 毫升／3/4 盎司
奧特摩威士忌噴霧 2 罐
冷萃咖啡冰 1 大塊（見 188 頁）

裝飾
用霧化器以奧特摩威士忌噴霧噴出
　　火焰
裝有冷萃咖啡和乾冰的迷你摩卡
　　壺，用來製作芳香的煙霧效果
　　（非必要）

將前三樣材料放入調酒杯（mixing glass），加冰塊攪拌。

加入咖啡冰塊，將雞尾酒過濾至杯中。裝飾。

咖啡： 咖啡要用來製作冷萃咖啡冰，因此請選擇可以搭配你使用的威士忌的沖煮咖啡。

利口酒： 三得利角瓶調和威士忌是日本許多酒吧裡相當標準的配備，風格為淡威士忌，特性類似愛爾蘭或加拿大威士忌，儘管麥芽味略濃，因此亦可以其他的淡日本調和威士忌，例如日本鶴調和威士忌（Nikka Blended）來代替。PX 香艾酒可增添少許迷人的濃郁香料味，讓飲品的味道更為圓潤。山米是老煙槍，因此添加了奧特摩威士忌（其他煙燻威士忌也行得通）。

---

* 《Mr Bojangles》為山米·戴維斯演唱的歌曲之一，主要描述一名名叫 Mr Bojangles 的老舞者，為了賺取微薄的生活費而在各個低級的酒吧中走唱。

橡木陳釀古典雞尾酒
OAK AGED OLD FASHIONED

這道用咖啡來提升風味的古典雞尾酒，最後會再花一點時間在橡木瓶或橡木桶中進行陳釀，這表示若要供應這道飲品必須在事前經過一點思考，但結果非常值得。

波本威士忌 50 毫升／1 又 3/4 盎司
糖漿（以 2：1 的比例，見 55 頁）7.5
　毫升／1/4 盎司
咖啡利口酒 5 毫升／吧匙
礦泉水 10 毫升／1/3 盎司
咖啡苦精（見 192 頁）3 抖振

裝飾
柳橙皮
瑞士蓮（Lindt）海鹽香橙巧克力片

將酒譜乘以你想調製的份數，以搭配你的陳釀容器。直接將所有材料一起放入大的容器中。攪拌均勻後，品嚐味道以確認達到適當平衡；視需求調整來搭配你的材料。移至預先調味過（見下方的注意事項）的橡木容器中，靜置熟成。

在準備好供應時，只將 75 毫升／2 又 1/2 盎司的份量倒入裝有一大塊冰塊的古典杯中，並進行裝飾。

調味：這是使用橡木容器裡的液體來賦予風味的行為，這會將味道傳至下一道飲品中。儘管很多東西都行得通，但在此我建議製作大量但清淡的法式濾壓咖啡，接著填滿橡木容器，並靜置浸泡 24 至 48 小時後再取出。

調酒師祕訣：在以橡木陳釀烈酒時，可以把它想成是添加額外的材料 —— 時間太少就沒有意義，時間太長又會蓋過其他的風味。因此你必須經常品嚐，以找出最佳風味，接著你便能取出，並儲存在玻璃杯中，以維持想要的風味。

注意：容器越小，飲品陳釀的速度就越快。也要留意溫度、橡木年齡和酒精濃度都會對陳釀時間造成影響，因此這道雞尾酒對其他人來說會有不同的陳釀時間。

咖啡：利口酒、苦精和木桶調味都可為咖啡增添更平易近人的味道來襯托飲品。

利口酒：搭配你選擇的波本威士忌。我發現美格（Maker's Mark）或金賓黑（Jim Beam Black Label）確實都有出色的效果。我敢肯定這道配方和許多蘭姆酒、蘇格蘭威士忌，甚至是干邑白蘭地都會很搭。

土耳其軟糖 TURKISH DELIGHT

這道酒譜的靈感來自我的土耳其朋友 Mehmet Sur，他在 2015 年於南非舉行的世界頂尖調酒大賽（Class Global cocktail competition）中設計了一道類似的飲品進行展示。他用這道飲品來歌頌土耳其的風味及其不可思議地悠久且迷人的咖啡文化。

土耳其咖啡 30 毫升／1 盎司
薩凱帕 23 蘭姆酒 45 毫升／1 又
　1/2 盎司
奧羅索雪莉酒（Oloroso sherry）
　15 毫升／1/2 盎司
土耳其軟糖空氣（見下方）60 毫
　升／2 盎司

搭配（非必要）
什錦果乾
開心果
土耳其軟糖

土耳其軟糖空氣
沸水 150 毫升／5 盎司
蘇丹娜葡萄乾（sultana）50 克／
　1 又 3/4 盎司
乾燥朱槿花 50 克／1 又 3/4 盎司
蜂王漿與人蔘蜂蜜（Royal Jelly &
　Ginseng Honey，葉門）15 毫
　升／1/2 盎司
拉克酒（raki）10 毫升／1/3 盎司
玫瑰花水 3 滴
氣泡糖增氧粉（Sucro aeration
　powder）1 克

製作土耳其軟糖空氣：將蘇丹娜葡萄乾混入沸水中，加入朱槿花，靜置 8 至 10 分鐘後再過濾。加入剩餘的材料並冰鎮。

調製雞尾酒：製作現煮咖啡，接著過濾至冰鎮過的伊芙利克壺（ibrik 壺，如圖的木柄小壺）或雪克杯的不銹鋼杯中。加入蘭姆酒、雪莉酒和冰塊，接著將液體來回拋接，直到達到理想的稀釋度。過濾至冰鎮過的土耳其咖啡杯或類似的容器中。

侍酒：用手持式攪拌棒或電動攪拌器將空氣打入土耳其軟糖空氣中，並用湯匙舀至飲品頂端。如果你喜歡的話，可搭配什錦果乾、開心果和土耳其軟糖享用。

咖啡：土耳其咖啡是經過深度烘焙，而且磨得很細的咖啡粉，而水則是以伊芙利克壺用高溫加熱。通常濃烈並帶有苦味。你可用濃烈的濃縮咖啡來代替。

利口酒：薩凱帕 23 蘭姆酒是風味醇厚、複雜並帶有甜味的蘭姆酒，可作為穩定的基酒，和所有其他的風味都能出色地融合。奧羅索雪莉酒可增添迷人的香料堅果味，而拉克酒則是傳統的土耳其烈酒，以發酵葡萄蒸餾而來，並以茴香調味。

5 混合法 BLENDED

果汁機曾是酒吧裡必備的器具，用來製作 70 年代和 80 年代晚期的迪斯可繽紛飲品。隨著搗棒成為調酒師們的新寵，果汁機漸漸被打入冷宮。大多數高檔的酒吧將這些吵雜、笨重且品質不一致的果汁機放逐到他們後台陰暗的櫥櫃裡，旁邊是他們做分子料理的晶球化工具和手動刷卡機，並將這些工具留給泳池邊穿著夏威夷衫的調酒師去應付。但當優質的材料達到恰到好處的平衡時，製作精良的混合調飲確實是美好的事物，如絲絨般滑順且冰涼，可以將你帶到快樂天堂。如今，混合優質的雞尾酒有點像是失落的技藝，需要練習和精準才能達成出色的結果。如同所有的雞尾酒，關鍵就在於優質的材料，而調酒師往往感到有必要為混合調飲添加大量的糖漿和利口酒。拜託大家，請務必要保持新鮮！這就和冰塊的適當比例一樣重要。冰塊太少，你的雞尾酒就是微溫、邋遢的一團亂，但更糟也更常見的是冰塊太多！除了過多的冰塊造成的厚重質地，主要的問題在於冰塊是水，水就會稀釋味道！若果汁機裡什麼也不剩，這表示使用了太多的冰 —— 這樣的過量就是你的飲品會呈現出來的風味，而這表示你的玻璃杯中混了太多的冰。

調酒師的祕訣

- 對於加了許多其他風味的果汁機混合調飲而言，你可以不必對你的咖啡選擇那麼吹毛求疵。在合理範圍內，通常任何濃烈的冷萃咖啡或濃縮咖啡都會有不錯的效果。
- 永遠都要和碎冰或裂冰一起混合。
- 過多的冰會過度稀釋味道，而且會讓雞尾酒變得太固態而難以飲用。材料將無法均勻混合，而且你很可能會在杯中留下大塊的冰。這一切都會帶來令人失望的品飲體驗，也經常會破壞人們對果汁機混合調飲的觀感。
- 冰量不足則表示這是很馬虎的飲品，會喪失我們喜愛的優良混合調飲中所提供的超級霜凍感。
- 從果汁機上方看一眼 —— 當你可以看到滑順密實的渦流在中央旋轉時，你就知道飲品已準備就緒。

F.B.I.

從技術層面而言，霜凍黑愛爾蘭（Frozen Black Irish）是經典，但自本世紀初的前十年開始，它就不在大多數人的雷達範圍裡。可找到的相關資訊非常少，只知它是星期五美式餐廳 TGI Friday's 的原創，時間可追溯至約 1985 年，而且很可能和愛爾蘭咖啡冰沙（Frozen Irish Coffee）和山崩（Mudslide）有關，即浸入巧克力醬和打發鮮奶油的較甜版本。和 80 年代興起的過多色彩繽紛的派對調飲相較下，F.B.I. 是超簡單，而且略為內斂的飲品。原版已經相當美味，但經過一些變化，它具有變得更加可口的潛力。在此我用冷萃咖啡和優質的香草冰淇淋來增加額外的特殊風味。傳統上這道飲品在供應時是不加裝飾的（赤裸裸的），但在此我借用了使用咖啡粉來裝飾非主流愛爾蘭咖啡冰沙的概念（後者在美國紐奧良的 Erin Rose 酒吧以霜凍黛綺麗冰沙機供應）。

伏特加 30 毫升／1 盎司
貝禮詩奶酒 30 毫升／1 盎司
卡魯哇咖啡利口酒 30 毫升／1 盎司
冷萃咖啡 30 毫升／1 盎司
香草冰淇淋 2 勺
半對半鮮奶油（見 204 頁）45 毫升
　／1 又 1/2 盎司
碎冰 1/2 勺

裝飾
混合乾燥香草粉的即溶咖啡碎粒

以果汁機／食物調理機將材料混合至滑順且呈霜凍狀態。倒入古典杯。以咖啡粒裝飾。

🫘 **咖啡：** 原版酒譜要求使用卡魯哇咖啡利口酒，這就很好用，或是你也可以用市面上眾多的新產品之一提升表現，可使用如 Mr Black、Quick Brown Fox、Little Drippa、Black Twist 或 Bébo 等高品質材料。我的配方使用的是優質的濃烈冷萃咖啡，可提供比原版更有深度的風味。

🍾 **利口酒：** 任何家常的伏特加往往都可適用於原版配方。愛爾蘭威士忌的效果也真的很好，因為它可以加強特色，並帶來更具活力的風味。

義式咖啡冰沙 FRAPPÉ ITALIANO

某個花時間探索義大利的炎熱下午為我帶來這道霜凍冰沙的靈感，而這變化自星巴克的經典飲品。帶有苦甜味和香草味，在這裡使用的三種利口酒都是義大利飯後的代表性飲品。當和冰一起以果汁機／食物調理機攪打，並以冷萃咖啡強化時，便形成了義大利的原子冰彈。

陳釀兩年以上、甜型的瑪莎拉酒
　（Marsala Superiore dolce fortified
　wine）30 毫升／ 1 盎司
阿瑪卓利口酒（Amaro Ramazzotti）
　20 毫升／ 3/4 盎司
芙內布蘭卡 10 毫升／ 1/3 盎司
冷萃咖啡 45 毫升／ 1 又 1/2 盎司
酒釀櫻桃糖漿（Amarena cherry
　syrup）10 毫升／ 1/3 盎司
碎冰 1 勺

裝飾
新鮮薄荷
酒釀櫻桃

用果汁機／食物調理機將材料攪打至冰涼滑順，以高腳杯或可拋棄式咖啡杯盛裝。用薄荷和酒釀櫻桃裝飾。

咖啡：和你最愛的冷萃咖啡或冰滴咖啡一起瘋狂一下 ── 你不會出錯的！

利口酒：瑪莎拉是西西里的加烈酒，被視為義大利相當於波特酒或雪莉酒的一種酒。Superiore dolce 的意思是它是甜的，經過兩年的熟成，通常會展現出無花果、葡萄乾、杏仁、果乾和蜂蜜等風味，並帶有非常宜人的香甜餘味。Ramazzotti 是一種 Amaro（義大利香料苦甜酒）的餐後利口酒，帶有黑色莓果、可樂和柳橙的風味，並會留下苦甜的餘味。芙內布蘭卡是非常苦的草本餐後酒（很多人會說是習慣後就會愛上的味道）。

爆爆焦糖雞尾酒！ POP IT LIKE IT'S HOT!

它的名稱說明了一切！實際上製作起來超簡單，用來招待朋友會很有趣。

三隻猴子威士忌 40 毫升／1 又 1/3
　盎司
冷萃咖啡 40 毫升／1 又 1/3 盎司
牛乳 90 毫升／3 盎司
香草冰淇淋 2 勺
焦糖爆米花 4 顆
焦糖醬 30 毫升／1 盎司
鹽少許

裝飾
焦糖醬
打發香草奶油（Whipped vanilla
　cream）
焦糖爆米花

將焦糖醬淋在奶昔杯上。用果汁機／食物調理機攪打材料和半勺的碎冰，倒入杯中。以打發香草奶油、焦糖爆米花和更多的焦糖醬（如果想要的話）裝飾。

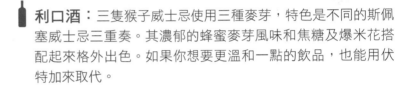

咖啡：任何冷萃咖啡都不會出錯。

利口酒：三隻猴子威士忌使用三種麥芽，特色是不同的斯佩塞威士忌三重奏。其濃郁的蜂蜜麥芽風味和焦糖及爆米花搭配起來格外出色。如果你想要更溫和一點的飲品，也能用伏特加來取代。

一起「鬆」一下 NETFLIX 'N' CHILLED

這道美味但略顯淘氣的作品是在家中想出來的,當時我的工作是為某個「放鬆看電視」（Netflix 'n' Chill）的活動製作甜點。冰淇淋桶是有趣的點綴,但並非必要。我簡單地用它來盛裝,而不是在將最後一點冰淇淋挖進食物調理機後就扔掉,這是可以少洗一點碗的好方法。這道酒譜為兩人份,但可以在一般的杯子中填入一半的材料,製作成一人份。這種風格的酒譜可輕易改良,以搭配其他的異國冰淇淋風味,例如夏威夷果仁脆糖、鹹焦糖和比利時巧克力。

2 人份
波本威士忌 90 毫升／3 盎司
冷萃咖啡 45 毫升／1 又 1/2 盎司
餅乾麵團冰淇淋（cookie dough
　ice cream）4 勺
牛乳 120 毫升／4 盎司
楓糖漿 60 毫升／2 盎司
鹽少許

裝飾
打發鮮奶油
餅乾
餅乾碎片

以果汁機／食物調理機混合材料,倒入大的分享杯或冰淇淋桶中。裝飾。

🫘 **咖啡:** 任何的冷萃咖啡都不會出錯。事實上,請儘管使用你手邊任何濃烈的咖啡 —— 義式濃縮咖啡、Nespresso 咖啡、摩卡壺咖啡等等。

🍾 **利口酒:** 我喜愛用波本威士忌或傑克丹尼威士忌來搭配這些味道。

咖啡石板街 COFFEE ROCKY ROAD *

巧克力、咖啡、覆盆子和冰淇淋，再加上烤棉花糖。哎呀，真抱歉……才怪！我曾在朋友生日時送他這道調酒，還附上蠟燭和一頂愚蠢的帽子。

伏特加 45 毫升／1 又 1/2 盎司
冷萃咖啡 30 毫升／1 盎司
咖啡利口酒 15 毫升／1/2 盎司
覆盆子果泥 20 毫升／2/3 盎司
牛乳 90 毫升／3 盎司
香草冰淇淋 2 勺
巧克力醬 45 毫升／1 又 1/2 盎司
香草糖漿 10 毫升／1/3 盎司
鹽少許

裝飾
巧克力醬
餅乾碎屑
以噴槍烘烤的棉花糖，並朝火焰撒
　　上少許的肉桂

準備杯子： 在奶昔杯的邊緣塗上巧克力醬和餅乾碎屑。

調製雞尾酒： 以果汁機／食物調理機混合材料和半勺的碎冰，倒入玻璃杯。在表面鋪滿棉花糖，以噴槍烘烤，並加上少許的肉桂。

🫘 **咖啡：** 任何的冷萃咖啡或濃縮咖啡都很適合這道酒譜。

🍾 **利口酒：** 任何你選擇的伏特加都會有出色效果 ── 事實上你可以狂野一點，搭配現成的古怪材料之一，例如生日蛋糕、巧克力櫻桃或餅乾麵團，你可以隨心所欲！

---

* 在冰淇淋或者慕斯中加了堅果，棉花糖和巧克力的甜品都可稱為「Rocky Road」（如同以大大小小、寬厚不一的石塊所鋪設的石板路），吃起來具有不同層次的口感。

紐約咖啡奶泡 NEW YORK CAFE CREAM

「紐約蛋蜜乳」（New York Egg Cream）是經典的飲品款式，據說是 1920 年代一名猶太人在紐約發明的。如今，它既不含蛋，也沒有鮮奶油，但我們會發現有人為了原版酒譜到底含不含這兩樣材料而展開激烈辯論。我偏好兩種材料都不用，而是改用一些其他奢華的材料來改造。

波本威士忌 45 毫升／ 1 又 1/2 盎司
莫札特黑巧克力利口酒（Mozart Dark Chocolate liqueur）20 毫升／ 2/3 盎司
杏仁奶（almond milk）90 毫升／ 3 盎司
冷萃咖啡 30 毫升／ 1 盎司
烘焙可可糖漿（見下方）或濃郁巧克力醬（chocolate fudge sauce）15 毫升／ 1/2 盎司
碎冰 1/2 勺
蘇打水 45 毫升／ 1 又 1/2 盎司

裝飾
酒香巧克力甘納許（見 200 頁）
烘焙可可碎粒

烘焙可可糖漿
可可碎仁 300 克／ 10 又 1/2 盎司
精白砂糖 500 克／ 2 又 1/2 杯
椰糖 500 克／ 2 又 1/2 杯

製作烘焙可可糖漿：將可可碎仁加進鍋中，以小火烘烤。烤好時，加入精白砂糖和椰糖，開始將材料煮至軟化。加入 1 公升／ 33 盎司的水，攪拌，煮沸，接著微滾一會兒。攪拌均勻，直到糖溶解，接著放涼並過濾後再裝瓶。

準備杯子：在高杯（tall glass）邊緣沾上酒香巧克力甘納許。撒上烘焙可可碎粒。

調製雞尾酒：以果汁機／食物調理機混合蘇打水以外的所有材料，直到形成絲絨般滑順的質地，接著倒入杯中。補滿蘇打水，看著它起泡。

🫘 **咖啡：**任何冷萃咖啡都會有出色的效果。

🍾 **利口酒：**波本威士忌搭配咖啡和巧克力⋯⋯讓人垂涎欲滴。任何入門款的波本威士忌都行得通。我使用的是莫札特黑巧克力酒（Mozart Dark Chocolate liqueur），它非常美味可口，但如果無法取得，貝禮詩巧克力奢華利口酒（Baileys Chocolat Luxe liqueur）或其他類似的產品一樣會有不錯的效果。

咖啡可樂達 CAFE COLADA

這「鳳梨可樂達」（Piña Colada）的心機變化版本已在許多活動中證實深受大眾喜愛。將鳳梨改成咖啡，並將椰漿改為椰子蘭姆酒，並加入少許的香料和碎冰，和優質蘭姆酒一起以果汁機／食物調理機混合，你便會獲得滑順濃郁的品飲體驗，而不會有傳統可樂達經常令人作嘔的乳脂口感。玻璃杯外可食用的糖衣也增添了些許趣味。

薩凱帕 23 蘭姆酒（Ron Zacapa 23 rum）45 毫升／1 又 1/2 盎司
冷萃咖啡 45 毫升／1 又 1/2 盎司
椰子蘭姆酒 15 毫升／1/2 盎司
加勒比香料糖漿（Caribbean spiced syrup，見下方）15 毫升／1/2 盎司
碎冰 1/4 勺
巧克力苦精 2 抖振

裝飾／為杯子塗層
椰子利口酒
椰絲
香草粉
可可粉

加勒比香料糖漿
多香果粉 1 克
肉豆蔻粉 1 克
薑粉 0.3 克
礦泉水 1 公升／33 盎司
精白砂糖 1.8 公斤／8 杯
純香草精 3 克
椰糖 200 克／1 杯

製作加勒比香料糖漿：將香料粉加入鍋中，並以小火烘烤。加水煮沸，接著加入精白砂糖和香草精。微滾至糖溶解。以細孔濾器將部分粉末濾掉，接著加入椰糖，攪拌至溶解。放涼後倒入殺菌瓶中，冷藏可儲存八週。

準備杯子：用噴霧罐在（最好是圓形）古典杯外噴上椰子利口酒，接著混合撒上椰絲與香草粉、可可粉。我喜歡拿起杯子，為整個杯子鋪上裝飾，如果杯子有把手可以保持手指潔淨。

調製雞尾酒：用果汁機／食物調理機將材料混合成清淡滑順且呈霜凍狀的液體，並倒入預先鋪上裝飾的玻璃杯中。在液體表面鋪滿新鮮椰絲。

咖啡：我最愛用於這道飲品的冷萃咖啡是濃郁的瓜地馬拉烘焙咖啡，用來搭配蘭姆酒，但其他的南美洲咖啡對我來說也有同樣效果。

利口酒：薩凱帕 23 蘭姆酒濃郁、複雜的風味在其他材料的搭配下會顯得很突出，形成美味、醇厚的辛辣味。

6 自製咖啡產品配方
HOMEMADE COFFEE PRODUCTS

在我創造咖啡雞尾酒的旅程中，我製作出不少便利又美味的咖啡產品，在你製作本書中的部分酒譜時，你可能會覺得它們很有幫助，或是有助你創造出你自己的酒譜。要創造酒譜經常有多種方法，因此我有時會給你不同的選項——請選擇最適合你的方法。所有的方法都會帶給你不同，但仍然優質的結果。

調酒師的祕訣

- 開始之前，在工作檯集結所有你需要的物品，如此一來，你就不會在酒吧或廚房的各處來回奔波。
- 隨時清潔，控制髒亂的程度，這有助你在操作時更有效率。
- 隨時品嚐，可視需求進行調整。
- 記錄你的結果，讓你在未來製作新批次的雞尾酒時更容易複製或改善。
- 請注意食物安全風險、當地酒類法律、危險或管制材料，以及危險的設備。

咖啡糖漿 COFFEE SYRUP

簡易冷萃法 SIMPLE COLD BREW METHOD

製作調味糖漿非常簡單，而且也很受到調酒師的歡迎，因為他們可以將少許的個人風格和創意帶進他們的飲品中。品質良好的咖啡糖漿有許多用途——首先，糖為咖啡創造出較容易保存的環境，透過減緩氧化來延長新鮮萃取咖啡的保存期限並保存其風味。其次，它有助增強咖啡的風味、平衡雞尾酒和無酒精雞尾酒中的酸味和苦味，添加至鮮奶油、甜甜圈、蛋糕和甜點等也很美味。從簡單的紅石榴糖漿做法，到複雜的杏仁糖漿變化，有無數種製作糖漿的方法。可更進一步在程序中的各個環節裡，加入你最愛的香料，例如肉桂、香草莢、肉豆蔻、薑、丁香、多香果和可可碎豆（cacao nibs），來加強風味並增加複雜度。下方和右頁是我發現極為有效的方法。可選擇一種符合你需求的方法，或是將他們作為啟發你自行創造的靈感。

濃縮冷萃咖啡（使用托迪系統：250克／9盎司的咖啡，1公升／33盎司的水，18小時）250毫升／8又1/2盎司

純糖漿（2份糖兌1份水）500毫升／17盎司（見55頁）

鹽少許

在潔淨的大型料理碗中混合常溫材料，攪拌至充分混合。品嚐，用更多的咖啡、糖或烈酒來調整至符合你個人偏好的平衡。用漏斗倒入殺菌瓶中，冷藏可達四週。

為糖漿添加香料，只要將你選擇的香料放入裝有咖啡和糖漿的料理碗中即可，以冷漬的方式浸泡一段時間。你可使用單一香料，例如肉桂，或是綜合香料。經常品嚐味道，在達到你想要的味道時，用細孔超級濾袋（見42頁）過濾。

注意：某些香料，例如肉桂和丁香的味道較其他香料濃烈，因此傳遞味道的速度會快上許多，因此永遠都要從少量開始逐步增加。鹽很重要，因為它會讓味道變得柔和、增加甜度並增強風味。

咖啡糖漿 COFFEE SYRUP

直火式熱萃法 STOVETOP HOT BREW METHOD

這個方法略為傳統且需要一點技術，但效果一樣很好，若要製作耐用且可口的咖啡糖漿，它絲毫不遜色。

自行選擇的粗咖啡粉 150 克／
　　5 又 1/3 盎司
水 700 毫升／ 23 又 1/2 盎司
精白砂糖 1 公斤／ 5 杯
鹽少許

在長柄平底深鍋中混合咖啡和水，緩緩加熱至微滾約 3 分鐘。以細孔網篩／濾器過濾，接著加入糖和鹽，繼續加糖，以小火煮至微滾，一邊攪拌，直到糖溶解。請勿以大火煮沸。

品嚐味道，確認咖啡濃縮液的味道適中，接著離火，以超級濾袋（見 42 頁）或細棉布過濾，放涼。

用漏斗倒入殺菌瓶中，冷藏可達六週。

注意：這道配方要添加香料也很簡單，只要將你偏好的香料加入裝有咖啡的長柄平底深鍋中，加熱萃取風味，接著再和咖啡一起過濾。

咖啡利口酒 COFFEE LIQUEUR

冷萃調和法 COLD BREW BLEND METHOD

先是製作糖漿，接著很自然會進展到自製利口酒。添加酒精可提升並保存糖漿的風味，同時還能延長保存期限並緩和甜味。視使用的方式而定，這也是從咖啡中萃取味道的好方法。以下方法是 184 頁冷萃糖漿法的簡單調整。

冷萃咖啡濃縮液（使用托迪系統：250 克／9 盎司的咖啡，1 公升／33 盎司的水，18 小時）250 毫升／8 又 1/2 盎司

純糖漿（3 份糖兌 1 份水）250 毫升／8 又 1/2 盎司（見 55 頁）

自行選擇的烈酒 300 毫升／10 盎司

鹽少許

在潔淨的料理碗中混合常溫材料，攪拌至充分混合。品嚐，用更多的咖啡、糖或烈酒來調整至符合你個人偏好的平衡。以漏斗裝入殺菌瓶中，冷藏可達六個月。

🍶 **利口酒：**儘管如 Everclear 等高酒精濃度的利口酒很適合用在這裡，但許多國家無法輕易取得。我發現優質伏特加的效果也還過得去，但為何不大膽嘗試？我使用其他的烈酒作為基酒甚至能取得更好的結果。裸麥威士忌、波本威士忌、陳年蘭姆酒、金樽龍舌蘭、白蘭地和許多的蘇格蘭威士忌、加拿大和愛爾蘭威士忌，確實都會有出色的效果 —— 它們都各自將自己獨特的性格帶進這場狂歡中。

注意：就和糖漿一樣，這些利口酒要添加香料也很簡單。只要將你選擇的香料加入裝有咖啡、糖漿和烈酒的調酒杯中，以冷漬的方式浸泡一段時間。浸泡過程中不時品嚐，在到達你想要的風味時，再將香料濾掉。亦可將所有材料都放入可密封的真空袋，並以 50℃／122 ℉真空烹調約 3 小時。

咖啡利口酒 COFFEE SYRUP

浸漬法 MACERATION METHOD

這種方法需要將咖啡浸泡在烈酒中 12 小時，接著再加糖讓口感更為圓潤。

濃縮咖啡烘焙的調和粗咖啡粉 150
　克／ 5 又 1/3 盎司
自行選擇的烈酒 700 毫升／ 23 又
　1/2 盎司
精白砂糖 500 克／ 2 又 1/2 杯
鹽少許

在大的罐子或法式濾壓壺中混合咖啡和烈酒。浸泡 12 小時後，以超級濾袋（見 42 頁）或細棉布過濾。

加糖，不時攪拌，待糖完全溶解。品嚐味道，確定已達適當甜度，並依個人偏好進行調整。透過漏斗倒入殺菌瓶中，冷藏可達八個月。

若不使用冷漬技術，也可將所有材料放入可密封真空袋，並以 50℃／ 122 ℉真空烹調約 3 小時，可加快這個程序的速度，接著再以上述指示進行過濾。

注意：這道酒譜也能簡單地添加香料，可加入你偏愛的香料，例如肉桂、香草莢、肉豆蔻、薑、可可碎粒至最初的咖啡與烈酒浸泡液中。

咖啡冰塊 COFFEE ICE

這道配方全取決於你偏好的強度;視需求調整,以符合你的口味。任何人都可以將咖啡冷凍成冰塊,但以下是我個人從多次的嘗試中學到的一些祕訣。

你選擇的冷萃咖啡(見 184 頁)
　500 毫升／17 盎司
礦泉水 300 毫升／10 盎司

在殺菌容器中混合材料,品嚐味道以測試濃度。一旦找到適當的稀釋度,只要放入冷凍庫保存即可。

冷凍祕訣

- 可在你的冰塊中加入其他想要的味道,例如香草精、各種香料和苦精。
- 在裝有食物的冷凍庫中製作的冰塊很容易沾染其他的氣味,因此理想的情況是你的冷凍庫只用來存放冰塊、玻璃容器和烈酒。
- 除了標準的製冰盒以外,請以其他容器進行實驗,以製造不同形狀和大小的冰塊。

咖啡蘇打 COFFEE SODA

你一旦完成咖啡糖漿，便能非常輕易地將它作為你蘇打的基底。這當然也可以是如 139 頁的咖啡可樂娜酒譜所要求的香料咖啡糖漿。

自製咖啡糖漿 150 毫升／5 盎司
冰鎮礦泉水（冰水會較快充滿二氧化碳）550 毫升／18 又 3/4 盎司
蘋果酸 0.01 克（檸檬酸或酒石酸也行得通）

將所有材料加進 1 公升／33 盎司的蘇打槍中，裝上二氧化碳氣匣。冷卻並靜置，理想上最好靜置 30 分鐘後再使用。

視需求再裝填氣匣。

注意：試驗性地加入蘋果酸。酸可增加口感，同時增加穩定度並延長保存期限。

木桶陳釀咖啡利口酒
BARREL-AGED COFFEE LIQUEUR

若要製作木桶陳釀咖啡利口酒，只需將先前的利口酒配方之一加進橡木瓶或橡木桶中，靜置於涼爽處。

調酒師的注意事項與祕訣

- 如同所有的橡木桶熟成，基本上是在你的產品中加入另一種風味。太淡，無法引起注意，太重，橡木味可能會蓋過其他的材料。因此，請經常品嚐，以找出最恰到好處的絕佳風味。如果你陳釀過頭，只要加入更多原版未陳釀的產品來稀釋即可。

- 陳釀會使酒精蒸發，因此酒精濃度會下降，導致糖的濃度提升，因而製作出較甜的飲品。

- 橡木桶或橡木瓶越新，傳遞味道的速度就越快。

- 使用較舊、先前已使用過的木桶會影響你的結果。酒精會熟成得較慢，因為風味已先被萃取至較早的一批酒中。而先前批次的酒味也會傳遞至你目前的這批酒中。這稱為「預先調味」。這對你的利口酒可能有幫助，也可能有害，全依先前的內容物而定。例如，先前盛裝甜曼哈頓（Sweet Manhattan）的桶子可能會留下黑麥和紅香艾酒的香氣，而先前裝有內格羅尼的桶子則可能為你的利口酒帶來你不想要的風味。

- 同樣地，在你的咖啡利口酒陳釀過後，請用該容器來陳釀其他的東西，這將會帶有咖啡的特性 —— 對其他的雞尾酒來説可能會是美味的添加物。

無花果榛果冷萃咖啡
FIG & HAZELNUT COLD BREW

這種方式可成功為你的冷萃咖啡添加微妙的烘焙堅果味和無花果乾的濃郁風味。對咖啡極客等純粹主義者而言，這或許會有點引發爭議，因為這會篡改優質咖啡的純度。然而，我個人認為這些浸泡法在未來幾年可能會大受咖啡師歡迎，因為他們企圖探索新的風味組合。我目前正在用如杏桃、可可、巴西堅果、杏仁、腰果和朱槿花等材料進行實驗，想看看它們會帶來什麼樣的結果。概念是在咖啡中巧妙地加入天然風味，同時小心不要壓過咖啡或污染咖啡。

礦泉水 1250 毫升／42 又 1/4 盎司
粗咖啡粉 200 克／7 盎司
切碎的無花果乾 150 克／5 又 1/3 盎司
烘焙粗榛果粉 100 克／3 又 1/2 盎司

將乾料混在一起，接著繼續照常製作一批冷萃咖啡，加水，並用布蓋住。

儲存在乾燥陰涼處 18 小時。用超級濾袋、細棉布或托迪濾器（見 41 頁）過濾。過濾完成後務必要冷藏保存。

咖啡苦精 COFFEE BITTERS

芳香雞尾酒苦精的製作，基本上是將植物性藥材、草本植物、植物根、花和香料浸泡在酒精溶液中，以去除油脂、酸、丹寧、調味和香氣，形成有苦味的酒精萃取。現今市場上琳瑯滿目的產品令我們眼花撩亂，而這些都是由熱情人士投入大量的心力、時間和金錢去創造出傑出的產品，為我們省下了這些麻煩。然而，儘管這麼說，我並沒有發現太多咖啡苦精的選擇。事實上我們在杜拜完全找不到，這讓我開始實驗，以製作我自己的咖啡苦精。咖啡具有的苦味和酸味的成分會快速滲入酒精中，但並不總是美味，因此我從過去重大的失敗中汲取教訓，選定了這裡的配方。少量的香草有助讓咖啡的味道更圓潤，並增添宜人的香氣，而龍膽根（因用於安哥斯圖娜苦精而最為出名）則為咖啡增添了複雜度和更具穿透力的苦味，讓咖啡在雞尾酒中更能保有自己的風味。

乾燥香草莢 30 克／1 盎司

坎特一號伏特加（Ketel One vodka）750 毫升／25 盎司

巴特波本威士忌（Bulleit Bourbon）250 毫升／8 又 1/2 盎司

中研磨（Chemex）咖啡粉 250 克／9 盎司

粗磨乾燥龍膽根粉 1.5 克

思美洛藍牌伏特加（Smirnoff Blue Label vodka，50% abv *）100 毫升／3 又 1/4 盎司

將香草莢剖開，切成小丁或磨成碎末，加入消毒過的大玻璃杯中，而杯中已裝有坎特一號伏特加、巴特波本威士忌和咖啡。輕輕攪拌並蓋上茶巾／餐巾 —— 這很重要，可防止光線照射並讓二氧化碳散出。

在另一個罐中混合龍膽根和思美洛伏特加，接著密封。將這兩樣材料存放在陰涼乾燥處。

用超細棉布在 48 小時後過濾咖啡，96 小時後過濾龍膽酊劑，接著以充分沖洗過的濾紙盡可能去除所有的沉澱物。品嚐兩者，先少量地緩緩加入龍膽，倒入時需不斷品嚐至找到你偏好的平衡。視使用的咖啡而定，我傾向使用 80 ～ 90 毫升／2 又 3/4 ～ 3 盎司。

注意：其他的香料，例如可可碎和肉桂，可加進這些浸泡液中來增強苦味並增添更複雜的風味。建議的方法是將香料分別浸泡在烈酒中，接著和最終的浸泡液混合，以達成精準且一致的風味平衡。

咖啡：中度烘焙的蜜處理單品阿拉比卡非常適合用於這種方法。我使用的是我很常用來製作冷萃咖啡的豆子。帶有可可和焦糖風味的濃郁哥倫比亞或瓜地馬拉咖啡都很適合。

利口酒：利口酒的濃度會對風味的萃取帶來很大的影響。酒精含量高的利口酒非常適合，但可能很難取得，因此優質的伏特加是很好的替代品。其他的烈酒也能發揮作用，但其濃烈的風味可能會蓋過你選擇的材料，這就是為何我在這道配方中使用調和的烈酒。如果你想要好好瘋狂一下，你可以混合少量其他的烈酒，例如梅茲卡爾酒或泥煤威士忌來增加煙燻味。然而，這些實驗可能要價高昂，而且不見得有用。

---

* Alcohol by Volume 的縮寫，為酒精濃度的單位之一，指在 20℃時酒中含乙醇的體積百分比。

咖啡浸泡香艾酒 COFFEE-INFUSED VERMOUTH

這為甜味香艾酒增添了深深的咖啡香，而且也是我常用來為攪拌雞尾酒增加細緻咖啡特質的方法。強度可用添加至香艾酒的研磨咖啡粉比例來控制。

紅（甜味）香艾酒（rosso [sweet] vermouth）700 毫升／23 又 1/2 盎司
粗咖啡粉 100 克／3 又 1/2 盎司

在殺菌容器中混合材料，並蓋上棉布。儲存在乾燥陰涼處 2 至 6 小時。

以托迪濾器（見 41 頁）或細孔超級濾袋（見 42 頁）過濾，裝瓶後冷藏保存。

☕ **咖啡**：使用風味可加以襯托的單品烘焙咖啡來搭配香艾酒。

🍾 **利口酒**：由於香艾酒會因品牌而有很大的變化，我建議你先品嚐香艾酒，接著再挑選可以搭配的咖啡。或許甚至可以提供一份樣本給你的烘焙師品嚐，而他或她可以協助你做決定。將少許的冷萃咖啡加進香艾酒，你便能取得最終成品的良好範本。

咖啡浸泡烈酒 COFFEE-INFUSED SPIRIT

浸泡法 IMMERSION METHOD

如同前一頁的香艾酒酒譜，這道配方全取決於你偏好的強度。我總是試圖在咖啡和烈酒之間創造和諧的平衡。理想上我希望烈酒的特質能夠明顯展現，而咖啡則作為配角，讓飲品更為突出。如同其他的浸泡方式，永遠都要記得選擇能為你的烈酒增色的優質烘焙咖啡。

你選擇的烈酒 700 毫升／23 又
　　1/2 盎司
粗咖啡粉 80 克／2 又 3/4 盎司

在殺菌容器中混合材料，並蓋上棉布。儲存在乾燥陰涼處 16 小時。

以超級濾袋（見 42 頁）、細棉布或托迪濾器（見 41 頁）過濾。

注意：我多次嘗試用濾紙過濾浸泡液，但我認為濾紙會去除烈酒的特色，讓它們變得更乾澀也更辛辣（和我喜歡的風味相比）。如果你需要使用濾紙，請務必先用 1 至 2 公升／33 至 66 盎司的水沖洗 —— 這將打開濾紙的毛孔，讓流動更順暢，因而減少對烈酒的影響。

氮氣咖啡烈酒 NITRO-INFUSED COFFEE SPIRIT

氮空蝕法 NITRO-CAVITATION METHOD

這道配方全取決於你偏好的強度。我喜歡加入它，形成和咖啡融為一體的微妙風味，但視個人偏好，你也能提高比例來增加咖啡的風味。其他想要的風味也能用浸泡的方式輕易添加，例如香草莢、肉豆蔻和柳橙乾。

你選擇的烈酒 600 毫升／20 盎司
粗咖啡粉 150 克／5 又 1/3 盎司

在徹底潔淨的奶油發泡槍中混合烈酒和咖啡。密封並搖晃，接著裝上兩個氮氣匣。搖晃，靜置三分鐘後排氣，並以超級濾袋、細棉布或托迪濾器（見 41 頁）過濾。將浸漬的烈酒裝瓶。

提拉米蘇冰淇淋 TIRAMISU ICE CREAM

我必須承認，我無法抗拒餐後美味提拉米蘇的誘惑（事實上，我妻子稱它為我的剋星）。因此，製作可以用於雞尾酒的自製提拉米蘇冰淇淋，是我必須進行的有趣實驗——而且結果非常出眾。在這道酒譜中，我列出兩種方法。兩種方法都使用相當昂貴的設備器材，以製作出非常滑順的質地——若你無法取得這些器材，只要用力且快速地將混料混合，讓混料充滿空氣，接著冷凍，並在需要時再舀出使用。

冷萃咖啡 200 毫升／ 6 又 3/4 盎司
馬斯卡邦乳酪（mascarpone）
　200 克／ 7 盎司
全脂／脂肪含量 40% 以上的鮮奶
　油 300 毫升／ 10 盎司
蛋黃 1 顆
VS 干邑白蘭地 120 毫升／ 4 盎司
蜂蜜 45 毫升／ 1 又 1/2 盎司
棕可可香甜酒 45 毫升／ 1 又 1/2
　盎司

在果汁機裡混合材料，攪拌均勻。

方法 1：加進冰淇淋機，攪動／冷凍至變得濃稠滑順。

方法 2：在 Pacojet 食物調理機的罐中冷凍成固體，裝入機器中，視需求在真空狀態下攪拌成層。

咖啡泡沫 COFFEE FOAM

泡沫自大約 2006 年開始成為調酒師會使用的特殊材料，而且從此在各個國家大受歡迎。這是一種從廚師手中借入的手法，因為調酒師開始對來自廚房的創新菜色感到好奇。要製造空氣和泡沫有許多方法，它們需要如蛋白、卵磷脂或蔗糖等乳化劑，再搭配調味劑，通常還會搭配糖。以下的酒譜是用來製造非常簡單滑順的泡沫，鋪在雞尾酒表面時仍能保持完好，而不會黏答答。

殺菌蛋白 150 毫升／5 盎司
自行選擇的高濃度冷萃咖啡 150 毫
　升／5 盎司
糖漿（見 55 頁）150 毫升／5 盎司
氣泡糖（Sucro，見右頁）2.2 克
黃原膠（Xantana，見右頁）1.2 克

在殺菌容器中，用手持攪拌棒將材料攪拌均勻。倒入 iSi 奶油槍中，並裝上兩個氮氣（非二氧化碳）氣匣。

冷藏保存並在需要時使用。保存期限約為 2 週。

咖啡空氣　COFFEE AIR

咖啡空氣比咖啡泡沫更輕盈蓬鬆，而且有較大的氣泡 —— 想想泡泡浴的泡沫，而非卡布奇諾的泡沫。製造空氣的方式有很多種，可以使用卵磷脂或蔗糖等乳化劑，再搭配調味劑。我偏好使用 Texturas 分子原料系列的氣泡糖和黃原膠，這有助維持形狀和體積 —— 比卵磷脂更穩定。以下的酒譜是用來製造非常簡單滑順的空氣，而且鋪在雞尾酒表面時仍能保持完好。

自行選擇的高濃度冷萃咖啡 150
　毫升／5 盎司
氣泡糖 6 克
黃原膠 0.2 克

在殺菌容器中，用手持攪拌棒或電動攪拌機將材料攪打至均勻。倒入廣口容器中，放入魚缸充氧器（可從大多數的寵物店購入）的軟管。將充氧器打開，看著氣泡升起。

將氣泡舀至你的飲品中，在你需要製作下一杯飲品之前，將充氧器關掉。我往往每天都會視需求製作這樣的混合物，接著在使用後丟棄。

巧克力咖啡甘納許

CHOCOLATE COFFEE GANACHE

滑順、濃郁，如絲絨般的巧克力甘納許根本是瓊漿玉露！如要製作，只要在你最愛的巧克力中加入熱的鮮奶油和奶油即可。添加咖啡和利口酒當然可以將它提升至更高的層次。在製作良好的情況下可冷藏數月，而且它仍會是滑順的液態巧克力，你可以直接飲用，或是用來為玻璃杯鑲邊（見右頁圖 5 和圖 6），或是加入雞尾酒和甜點中。

切成小塊的黑巧克力（可可脂含量
　　約 60%）300 克／ 10 盎司
鮮奶油 400 毫升／ 13 又 1/2 盎司
無鹽奶油 25 克／ 1/4 條
冷萃咖啡 105 毫升／ 3 又 1/2 盎司
馬達加斯加香草精 2 毫升
鹽少許
波本威士忌 105 毫升／ 3 又 1/2
　　盎司

在長柄平底深鍋中將 300 毫升／ 10 盎司的水煮至微滾。

將巧克力放入中型耐熱碗，擺在一旁。

在另一個平底鍋中放入鮮奶油、奶油、咖啡和香草精，一邊攪拌，以中火煮至混料開始微滾（右頁圖 2）。

將巧克力碗放入水微滾的鍋中。將鮮奶油和奶油的混料倒入巧克力中，拌勻（右頁圖 3）。

緩緩加進波本威士忌，一邊用力攪拌，讓所有材料緊密結合。如果開始油水分離，就加入更多的鮮奶油，繼續攪拌至變成如絲絨般滑順。巧克力應能附著於湯匙匙背，但仍會緩慢地流下（右頁圖 4）。用鹽調味並品嚐。

將鍋子離火，放涼，並倒入殺菌的醬料擠壓瓶中。冷藏。

咖啡白蘭地香氣 COFFEE EAU DE VIE AROMA

旋轉濃縮機（Rotary Evaporator）基本上是科學實驗等級的蒸餾器，可在真空壓力下進行蒸餾。這表示它可不使用高溫來萃取精華，因為高溫會改變風味，而這讓調酒師有機會實驗並創造可用於雞尾酒的有趣材料。我個人曾做過一些出色的萃取，例如鳳梨琴酒、焦糖香蕉、皮革、花生醬和剛割完的草。以下說明介紹一種相當簡單的方法，可用來製造潔淨、清澈的咖啡香氣，以加進飲品中或噴灑在頂端。

冷萃咖啡伏特加 500 毫升／ 17 盎司
（用伏特加而非水，以 5：1 的比例
　製作的濃烈冷萃咖啡浸泡液）

檢查旋轉濃縮機，確認機器潔淨、閥門緊閉、收集瓶穩固，一切都就緒。將機器啟動，並將冷卻的冷凝器溫度設定在 -12℃／ 10 ℉。用常溫水填滿水槽，並將溫度設定在 30℃／ 86 ℉。

當水溫和冷凝器溫度都到達你的設定值時，將咖啡伏特加加進蒸發瓶，牢牢固定後，向下浸入水中。

啟動外部的真空幫浦。設定旋轉至 150 並開始旋轉。注意：旋轉得越快，蒸餾率就越高／快。為取得最佳結果，我建議在前 10 至 15 分鐘就近監控，以確保瓶子的旋轉速度和水槽溫度都正確設定。根據需求進行調整，以便有效率地萃取，並請小心不要讓液體因沸騰而溢出。隨著蒸餾的進行，瓶子的轉速和水槽溫度通常可能會上升。

若你可以聞到蒸餾液的味道，你可能正在喪失優質的化合物，這表示你的冷凝器不夠冷卻，或是閥門是敞開的。若混合物開始起泡，可能會因沸騰而溢出，並毀壞你的蒸餾液。為了與之對抗，可降低水溫並放慢旋轉的速度，以找到穩定但仍能蒸餾得夠快的最佳位置。

當蒸發瓶裡的沉積物變為厚重、黏稠的糊狀物時，蒸餾的程序就完成了。

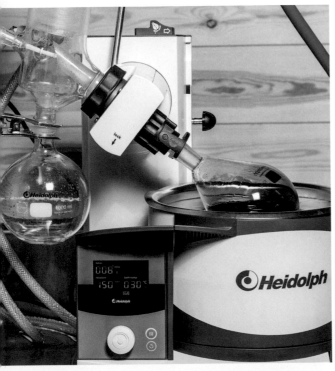

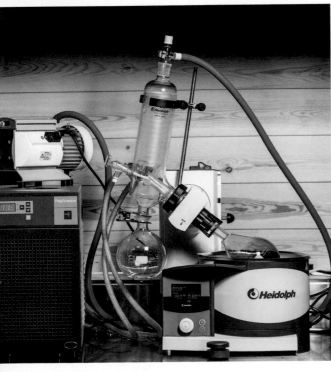

詞彙表

Aeration 曝氣　在液體中加入空氣。

Amarena 酒釀櫻桃　保存在濃稠糖漿中，小顆深色的義大利酸櫻桃。

Amaro　義大利文中的「苦味」，經常用來指稱一種帶苦味的草本利口酒。

Arabica 阿拉比卡　常青的咖啡植物品種，被視為可生產出優於其他品種的咖啡──100% 阿拉比卡為優先選擇。

Atomizer 霧化器　將芳香材料噴至飲品中的小瓶子。

Barista 咖啡師　專門以沖泡咖啡為生的人。

Bitters 苦精　一種芳香的雞尾酒材料，可以植物的根部、花朵、果實、香料和／或香草製作，並以酒精為基底進行浸泡，以取得平衡並增添複雜的風味。

Blazer 烈焰　以烈酒為基底的飲品，點火後在兩個容器之間傳遞，以加熱、調和並讓糖溶解。

Bloom 悶蒸　浸濕現磨咖啡粉的技術，先使用少量的水，接著短暫停留一段時間，讓咖啡中的二氧化碳排出，以盡可能減少碳酸。

Brew ratio 沖煮水粉比　用來萃取風味的水與咖啡粉比例──例如 5：1 ＝ 5 份的水兌 1 份的咖啡粉。

Cafetière 煮咖啡用壺　法式濾壓壺或咖啡活塞壺。

Chemex　設計用來以濾紙沖泡手沖咖啡的沙漏型容器。

Chinese 5 spice 中式五香粉　大多用於中華料理的綜合香料，混合了肉桂、八角、丁香、茴香籽和花椒。部分配方亦含有肉豆蔻、薑和甘草。

Cold brew 冷萃咖啡　使用較長接觸時間在室溫下沖泡，而非以加熱方式萃取風味的咖啡。

Cold drip 冰滴咖啡　使用滴落程序萃取，並利用時間和重力萃取風味的咖啡。

Coupette 飛碟杯　亦稱香檳杯，是類似經典馬丁尼杯的有腳杯，但形狀為圓形而非 V 字形。

Cream syphon 鮮奶油虹吸瓶　經常稱為 iSi 奶油發泡槍，是設計用來裝載氮氣或二氧化碳等氣體的罐子，可為如鮮奶油或蛋白注入二氧化碳或泡沫，用以製作料理泡沫。

Crema 克力瑪　浮在咖啡，尤其是義式濃縮咖啡表面的輕盈泡沫。

Cultivar 栽培種　種植用於商業用途的咖啡品種。

Dallah　一種阿拉伯咖啡壺，用來沖煮並供應稱為 Qahwa 的阿拉伯咖啡。

Dark roast 深度烘焙　烘烤至呈現深巧克力色的咖啡豆，通常很油亮。

Dash 抖振　很小的測量單位，相當於約 1 毫升。

Double strain 雙重過濾法　在將雪克杯中的材料過濾至玻璃杯中時，使用霍桑隔冰匙和濾網去除微粒。

Dry process 日曬處理　見右頁的「Natural process」。

Eau de vie 生命之水／蒸餾白蘭地　清澈的水果蒸餾液。

Flaming zest 火燒果皮　點燃柳橙皮或檸檬皮裡的精油，在飲料表面製造焦糖香氣。

Ganache 甘納許　液態巧克力。

Golden syrup 金黃糖漿　英國傳統用於烘焙的焦糖液體糖。

Half & half 半對半鮮奶油　一半鮮奶油和一半牛乳的混合物。

Honey process 蜜處理 一種咖啡採收方式，先將外皮去除，接著將豆子連同完整的果膠層（果肉）一起日曬。

Ibrik 一種長柄的土耳其咖啡壺。

Light roast 淺烘焙咖啡 經淺度烘焙的咖啡。

Malic acid 蘋果酸 一種天然果酸，經常和蘋果相關。

Mocha/Moka/Mokha Mocha 摩卡是卡布奇諾／熱巧克力的混合飲品。**Moka 摩卡壺是義大利**的直火式咖啡沖泡工具。**Mokha 是葉門的港口**，也是咖啡之旅駛向世界其他地方的起點。

Mouthfeel 口感 在品嚐飲食時，嘴裡感受到的質地、溫度和整體觸感。

Mucilage 果膠 咖啡櫻桃果實表皮下黏在咖啡種子上的果肉。

Natural process 日曬處理 將採收後的咖啡櫻桃置於陽光下自然曬乾，再取出內部的種子。

Nitro-cavitation 氮空蝕法 使用奶油槍中的氮氣，將味道快速注入液體的程序。

Pacojet 在真空壓力下運作的強力食物調理機，可微調理冷凍材料並注入空氣 —— 很適合用來製作冰淇淋和雪酪。

Pimento Dram 多香果利口酒 一種蘭姆酒和西班牙椒（多香果）利口酒。

Portafilter 濾器把手 用來沖煮義式濃縮咖啡的把手和沖煮頭。

Pour-over 手沖法 透過濾器將水倒入咖啡粉的沖泡咖啡法。

Pre-batched 預調 在服務之前預先混合材料，以加快速度並增加一致性。

Robusta 羅布斯塔 一種強壯的咖啡樹，所生產的咖啡酸度低而多苦味 —— 主要用於即溶咖啡。

SCA 精品咖啡協會，高品質咖啡的代表團體。

Single origin 單品 在單一已知地理區生長，並展現出特殊特徵的咖啡。

Sous-vide 舒肥機 用於烹調和浸泡味道的溫控水槽。

Speciality coffee 精品咖啡 在特殊微型氣候生產，擁有最佳品質和風味的咖啡豆。

Speculaas 荷蘭香料餅乾 在荷蘭、比利時和德國很受歡迎的一種香料餅乾。

Sucro 氣泡糖 分子原料系列的一種乳化粉，很適合用來為泡沫和空氣的液體注入空氣。

Sugar syrup 糖漿 以相同比例（1：1）溶解在水中的蔗糖，除非另有說明。2：1 的比例經常也是受歡迎的比例。

Superbag 超級濾袋 用來從液體中過濾出微粒的尼龍網袋。

Swizzle 攪拌 用力旋轉吧匙或調酒棒來混合雞尾酒材料

Tamp 填壓器 有重量的平壓器，用來均勻按壓咖啡機濾器把手裡的咖啡。

Terroir 風土 傳遞至咖啡／葡萄酒等的環境特色，可透過品嚐來察覺。

Throw 拋接法 在兩個雪克杯之間拋接雞尾酒，以便混合、冷卻並注入空氣。

Toddy System 托迪系統 一套設計用於冷泡咖啡製作的設備品牌名。

V60 用來盛裝手沖咖啡用濾紙的工具。由日本公司 Hario 發明，其名稱來自傾斜 60 度角。

Vermouth 香艾酒 源自 17 世紀中期義大利杜林（Turin）的葡萄酒，以植物性藥物增添香氣，並添加烈酒來增加酒精濃度。應儲存在冰箱裡。

Washed process 水洗處理 用大量的水去除咖啡果實的果皮和果肉的方法。

Xantana 黃原膠 由 Texturas 分子原料系列製作的黃原膠粉，用於為液體增加稠度。

索引

A

Affogato, Godfather 教父阿芙佳朵 100
Africa 非洲 22
Air 空氣 164、199
almond milk 杏仁奶 178
altitude, selecting coffee 海拔，挑選咖啡 28
amaretto 杏仁甜酒 100
Amaro 阿瑪卓 143、170
apple juice 蘋果汁 79
apricot liqueur 杏桃利口酒 136
Arabia 阿拉伯 22
Arabica coffee 阿拉比卡咖啡 22、112
Arak 亞力酒 112
Asia 亞洲 22

B

B52 Hot Shot B52 轟炸機 103
Baileys Irish Cream 貝禮詩奶酒 103
Baileys cream 貝禮詩奶油 84、87、91、169
banana liqueur 香蕉利口酒 72
barrel-aged coffee liqueur 木桶陳釀咖啡利口酒 190
barspoons 吧匙 12
beans 咖啡豆 22-3、23、24-7、28、34-5
bee pollen 蜂花粉 75
Beets by J J 之甜菜 71
Bénédictine liqueur 班尼狄克丁香甜酒 128、152、156
Big Brew 一次打十個 59
bitters, coffee 苦精，咖啡 192-3
Black/White Russian 黑／白俄羅斯 123
Blackberries 黑莓 83
blackberry liqueur 黑莓利口酒 140
blended cocktails 混合雞尾酒 167
blended origin coffee 調和咖啡 25
A Bonnie Wee Flip 邦妮威蛋蜜酒 80
Bottled Cafe Rosita 瓶裝咖啡蘿西塔 159
Bourbon 波本威士忌 96、132、174、192-3、200
brandy 白蘭地 68、79、116

亦可參考 Cognac 干邑白蘭地
brewing coffee 沖煮咖啡 32-5
built cocktails 直調雞尾酒 121
burr grinders 咖啡磨豆機 14
butterscotch cream 太妃糖奶油 96、107

C

Cacao 可可 178
Cachaça 卡沙夏 75
Cafe Baller 咖啡球 131
Cafe Brulot Diabolique 火焰雞尾酒 116
Cafe Coco 咖啡椰奶 127
Cafe Colada 咖啡可樂達 181
Cafe Corona 咖啡可樂娜 139
Cafe L'Orange 柳橙咖啡 128
Cafe Manhattan 咖啡曼哈頓 148
Cafe Negroni 咖啡內格羅尼 151
cafetières 咖啡壺 42、44-5
Caffeine Carnival 咖啡因嘉年華 87
Calvados 卡爾瓦多斯 79
Campfire Mocha 營火摩卡 111
caramel sauce 焦糖醬 173
Caribbean spiced syrup 加勒比香料糖漿 181
cascara and bee pollen syrup 咖啡果皮蜂花粉糖漿 75
cereal-infused half & half 半對半鮮奶油浸泡麥片 135
Cherry Heering liqueur 希琳櫻桃香甜酒 75
chia seed and blackberry syrup 奇亞籽黑莓糖漿 83
Chicha Morada coffee syrup 紫玉米咖啡糖漿 88
chilli/chili powder 辣椒粉 139
chocolate 巧克力 87、108、111、139、143、177、178、200
chocolate liqueur 巧克力利口酒 178
Christmas mince pie-spiced whisky 聖誕肉餡派風味威士忌 80
Cinnamon Toast Crunch White Russian 肉桂吐司麥片白俄羅斯 135
Clash of Stags 雄鹿之爭 76
cocktail shakers 雞尾酒雪克杯

12
cocktails 雞尾酒 50、51、53、93、121、145、167
cocoa chilli/chili salt 可可辣椒鹽 139
coconut half & half 半對半椰子 127
coffee 咖啡 9、16-28、30-49
Coffee & a Cuban 咖啡與古巴人 60
Coffee & Tonic 咖啡通寧水 124
coffee air 咖啡空氣 199
coffee bitters 咖啡苦精 192-3
Coffee Bourbon Float 漂浮咖啡波本 132
Coffee Cherry 咖啡櫻桃 75
coffee eau de vie aroma 咖啡白蘭地香氣 202
coffee foam 咖啡泡沫 198
coffee ice 咖啡冰塊 188
coffee-infused spirit 咖啡浸泡烈酒 195-6
coffee-infused vermouth 咖啡浸泡甜香艾酒 194
coffee liqueur 咖啡利口酒 59、108、123、135、143、163、169、177、186-7、190
Coffee Marmalade Old Fashioned 咖啡柳橙古典雞尾酒 147
Coffee Rocky Road 咖啡石板街 177
coffee soda 咖啡蘇打 189
coffee-spiced ice ball 咖啡香料冰球 131、188
coffee syrup 咖啡糖漿 184-5
Cognac 干邑白蘭地 91、103、128、156、197
Cointreau 君度橙酒 119
cola 可樂 76、132
cold brew 冷萃 33、40-3、191
cold drip coffee 冰滴咖啡 40-1
commodity coffee 商業咖啡 21
cream 奶油 95-6、112、123、135、200
crema 克力瑪 39
Crèma de la Crème 奶蓋之王 83
crème de cacao 可可香甜酒 83、96、132、197
Curaçao 黃柑橘香甜酒 116、139

D

dark roasts 深度烘焙 27
date syrup 椰棗糖漿 112
Death by Caffeine 咖啡因致死 143
Drambuie 蘇格蘭金盃蜂蜜香甜酒 71
drying beans 乾燥咖啡豆 23
Dutch Coffee 荷蘭咖啡 107

E

eau de vie aroma 白蘭地香氣 202
eggs 蛋 80、198
equipment 設備 10、12-15
espresso 義式濃縮咖啡 32-3、36-9
Espresso Martini 濃縮咖啡馬丁尼 55
extraction methods 萃取法 34-49

F

F.B.I. 169
Fernet-Branca 芙內布蘭卡 155、170
fig & hazelnut cold brew 無花榛果冷萃咖啡 191
fig jam 無花果醬 68
filters 濾器 42、44-6
flavours 風味 9、30-1
foam, coffee 泡沫，咖啡 198
Forbidden Fruit 禁果 79
Frappe Italiano 義式咖啡冰沙 170
French Press filters 法式濾壓壺 42、44-5
French Press Martini 法式濾壓馬丁尼 64

G

ganache, chocolate coffee 甘納許，巧克力咖啡 200
Gelato, Tiramisu 義式冰淇淋，提拉米蘇 91
Genever 荷蘭琴酒 107、151
gin 琴酒 50、124、155 亦可參考 genever 荷蘭琴酒
Gingernut Latte 薑餅拿鐵 99
Glassware 玻璃容器 12、50
Godfather Affogato 教父阿芙佳朵 100
Golden Velvet 金色絲絨 72

gooseneck kettles 鵝頸壺 14
Grand Marnier 柑曼怡白蘭地橙酒 103
Grappa 渣釀白蘭地 67
green apple and raisin shrub 青蘋果葡萄灌木雞尾酒 79
grinding beans 研磨咖啡豆 14、34-5
Guinness 健力士 63

H
half & half 半對半鮮奶油 127、135
Hanky Panky 翻雲覆雨 155
Hawthorne strainers 霍桑隔冰匙 12
hazelnut liqueur 榛果利口酒 67
hazelnut 榛果 191
history 歷史 16-19
honey process 蜜處理 23
hot cocktails 熱雞尾酒 93

I
ice, coffee 冰，咖啡 131、188
ice cream 冰淇淋 91、100、132、169、173-4、177、197
ice scoops 冰淇淋勺 12
immersion cold brew method 冷泡法 33、41
Imperial Coffee 帝國咖啡 115
ingredients 材料 51
Irish Coffee 愛爾蘭咖啡 95
Irish whiskey 愛爾蘭威士忌 63、84、95
The Italian Secret 義大利的祕密 67

J
Jagermeister 野格利口酒 76
jiggers 量酒器 12
jugs, milk 壺，牛奶 14
Julep, Tennessee 茱莉普，田納西 136

K
Kahlua 卡魯哇 169 亦可參考 coffee liqueur 咖啡利口酒
Keg Party 啤酒派對 140
Kentucky Coffee 肯塔基咖啡 96
kettles, gooseneck 壺，鵝頸 14
kit 工具組 10、12-15

L
Latin America 拉丁美洲 22
Latte, Gingernut 拿鐵，薑餅 99
Licor 43 西班牙利口酒 Licor 43 72
light roasts 淺烘焙 27
liquorice/licorice root 甘草 115

M
Manhattan, Cafe 曼哈頓，咖啡 148
maple syrup 楓糖漿 96、104、111、132、174
Marmalade 柳橙果醬 147
Marsala 瑪莎拉 170
Marshmallows 棉花糖 111、177
Martinis 馬丁尼 55、64、155
Mascarpone 馬斯卡邦乳酪 197
Mayan spiced Amaro 馬雅香料香艾利口酒 143
medium-dark roasts 中等重烘焙 27
medium roasts 中度烘焙 27
Mexican Blazer 墨西哥烈焰 119
Mexican Mocha 墨西哥摩卡 108
mescal 梅茲卡爾酒 108、139
milk 牛乳 39、56、87、111、123、135、173-4、177、
milk jugs 牛奶壺 14
mince pie-spiced whisky 肉餡派風味威士忌 80
mixed spiced powder 綜合香料粉 83
Mocha 摩卡 108、111
mouthfeel 口感 9、30

N
natural/dry process 日曬處理 23
Negroni, café 內格羅尼，咖啡 151
Netflix 'n' Chilled 一起「鬆」一下 174
New York Cafe Cream 紐約咖啡奶泡 178
nitro cold brew coffee 氮氣冷萃咖啡 140
nitro-infused coffee spirit 氮氣咖啡烈酒 196

O
Oak Aged Old Fashioned 橡木陳釀古典雞尾酒 163
oat milk 燕麥奶 99
Old Fashioned 古典雞尾酒 147、163
Oranges 柳橙 128

P
paper filters 濾紙 42

Peanut Butter Irish 花生醬愛爾蘭 84
Peruvian Sour 祕魯酸酒 88
pine nuts 松子 112
pineapple 鳳梨 88
Pisco 皮斯可酒 88
pod coffee extraction 膠囊咖啡萃取 48
Pop It Like It's Hot! 爆爆焦糖雞尾酒！ 173
pour-over extraction 手沖萃取 46
pouring milk 倒牛乳 39
processing beans 處理咖啡豆 23、28
purple corn (dried) （乾燥）紫玉米 88

R
raisins 葡萄乾 79
raspberry puree 覆盆子泥 75、177
roasting beans 烘焙咖啡豆 24-8、42
Robusta coffee 羅布斯塔咖啡 22
Rocky Road, Coffee 石板街，咖啡 177
rum 蘭姆酒 60、83、115、143、164、181
rye whiskey 裸麥威士忌，見 whiskey 威士忌

S
salt, cocoa chilli/chili 鹽，可可辣椒 139
Sammy Davis 山米戴維斯 160
scales, digital 秤，電子 14
Scotch whisky 蘇格蘭威士忌，見 whisky 威士忌
selecting coffee 挑選咖啡 28
shaken cocktails 搖盪雞尾酒 53
sherry 雪莉酒 80、164
shrub, green apple and raisin 灌木雞尾酒，青蘋果葡萄 79
single origin coffee 單品咖啡 25
smell of coffee 咖啡的氣味 30
Smoky Bobby Burns 煙燻鮑比伯恩斯 152
soda, coffee 蘇打，咖啡 189
speciality coffee 精品咖啡 21
Speculaas liqueur 荷蘭香料餅乾利口酒 107
Spices 香料 83、181
steaming milk 蒸煮牛乳 39
stirred cocktails 攪拌雞尾酒 145
storing coffee 儲存咖啡 26-7、42
stout 司陶特 63
strainers 隔冰匙 12
sultanas 蘇丹娜葡萄乾 164
Super Stout 超級司陶特 63
superbag filters 超級濾袋 42
syrups 糖漿 75、83、88、178、181、184-5

T
Taste of Arabia 阿拉伯的滋味 112
tasting notes 品飲記錄 28
Tennessee Julep 田納西茱莉普 136
tequila 龍舌蘭 79、108、119、139、159
thrown cocktails 拋接雞尾酒 145
timeline 時間軸 16-19
tiramisu ice cream 提拉米蘇冰淇淋 91、197
toddy immersion system 托迪冷萃系統 14、41
tonic water 通寧水 124
Turkish Delight 土耳其軟糖 164

U
Un-Fig-Edible 令人難忘的無花果 68

V
vanilla cream 香草奶油 108
varietal coffees 品種咖啡 28
vermouth 香艾酒 68、148、151-2、155-6、159、160、194
Vieux café 老廣場咖啡 156
vodka 伏特加 55、59、64、72、87、112、123、127、135、140、169、177、192-3、202

W
washed process 水洗處理 23
whiskey 威士忌 96、104、132、136、148、156、163、174、178、192-3、200 亦可參考 Irish whiskey 愛爾蘭威士忌
whisky 威士忌 56、71、76、80、99、100、111、147、152、160、173

Z
zabaglione gelato 沙巴雍義式冰淇淋 100

關於作者

居住在紐西蘭的我，從小就在被優質咖啡的種植與品評所圍繞的生活中長大，因此煮出無瑕疵的濃縮咖啡、打出完美奶泡等任務是理所當然的，而倒出那完美的小白則是我體內好強的強迫症味道狂魔必須欣然接受的挑戰。

混合咖啡和利口酒對我來說似乎就是這麼自然，而這些年來，我非常享受用這兩種飲品的多變組合來帶給人們驚喜，我猜想這就是促使我撰寫本書的原因。

我還記得我第一次混飲咖啡和利口酒的經驗。1997 年，我那時還是個娃娃臉的 17 歲少年，在一家派對酒吧管理玻璃杯。在極其忙碌的輪班中途，我在饑渴的顧客蜂擁而入後進行清潔工作，酒吧領班帶著兩個烈酒杯溜出後台，杯中裝了細分為三層的液體，那是他從（可以禮貌地稱為）「過度興奮的」客人手上沒收的。我啜飲了它，結果……哇！令人愉悅的驚喜接踵而來。表層的甜橙因他剛熄滅的火焰而仍溫熱著，接著是焦糖乳霜，然後是雖甜但有明顯勁道的咖啡。我的 B52 櫻桃就是這麼迸發出來！我臉上掛著大大的笑容並腳步跳躍地回到工作崗位，用創記錄的速度收拾髒的玻璃杯。

接下來幾年，我學會為我自己倒出這樣的雞尾酒，包括

黑白俄羅斯、愛爾蘭咖啡、科羅拉多鬥牛犬（Colorado Bulldog）、F.B.I.，當然還有超級有名的濃縮咖啡馬丁尼。在 2002 年擔任咖啡師的職業生涯之後，我開始結合我兩種職業的經驗，朝向發展我自己的咖啡和利口酒調酒酒譜。

我最近慶祝了我在酒吧產業裡工作了 20 年，我在四個不同的國家裡，透過在不同場所的多種角色，一步步地往上爬。

這些年來，我很驕傲可以以代表紐西蘭酒吧團體參與多項全球競賽，包括低調 42 雞尾酒世界盃（42 Below Cocktail World Cup）、國際調酒協會世界決賽（IBA World Final）、環遊世界冠軍調酒師大賽（Bols Around the World）和阿普爾頓莊園世界決賽（Appleton Estate World Final）。不過最引人注目的還是參與 2013 年和 2014 年的帝亞吉歐世界頂尖調酒大賽（Diageo World Class Global）的決賽，最後我在 2013 年獲得了第四名。

這些活動賦予我熱情，讓我想要和其他的調酒師分享我的經驗和知識，協助他們追尋夢想。

致謝

我想和協助我讓這個計畫成真的這群人碰杯並擊掌……

我的妻子 Venetia Tiarks-Clark，感謝她不離不棄地持續支持和鼓勵我。

我傑出的攝影師 Alex Attitov Osyka，感謝他和他的助理：www.alexattitov.com。

我的父親 Graham Clark，感謝他的指導與支持。

Daniel Jon Miles，感謝他提供他的寫作專長、時間、建議和鼓勵，確實有助我包裝已潤飾過的作品。

杜拜咖啡博物館（Dubai Coffee Museum）：咖啡大事紀時間軸（16-19 頁）的提供者：www.coffeemuseum.ae。感謝提供關於中東豐富的咖啡歷史與產業的出色展覽。

我的雇主 African + Eastern，中東世界最優秀的利口酒經銷商！

我的老夥伴 Ben Jones，感謝他提供設計的智慧和正能量。

杜拜的 Muddle Me 酒吧供應商，感謝他們贊助令人驚豔的玻璃容器和工具：www.muddle-me.com。

Night Jar 咖啡烘焙商：www.nightjar.coffee。

杜拜的 T&J 餐飲，感謝他們分享一些令人驚豔的玻璃容器：www.tjdubai.com。

Classic fine foods：www.classicfinefoods.com。

Acen Razvi，感謝他出色的影像攝影支援：www.acenrasvi.com。

感謝許多提供贊助的品牌，我（還）沒有用過，因為我偏好保持開放的態度，使用我喜歡和熟悉的品牌。

杜拜的 Cafe Choix Patisserie and Classic Fine Foods 餐廳主廚 Jean-Francoise，感謝他為了本書中我最愛的雞尾酒將我的巧克力球擺在一起。

感謝我的出版商，願意在我身上冒險，並挑戰極限，讓這本書快速發行。

以及……感謝在我的旅程中遇見的每一位熱情的調酒師和咖啡師！

感謝你們花時間閱讀我的書，而我希望你們能從中獲得啟發，能讓更多人享用咖啡雞尾酒的藝術與工藝。

敬你們大家，乾杯！

JC